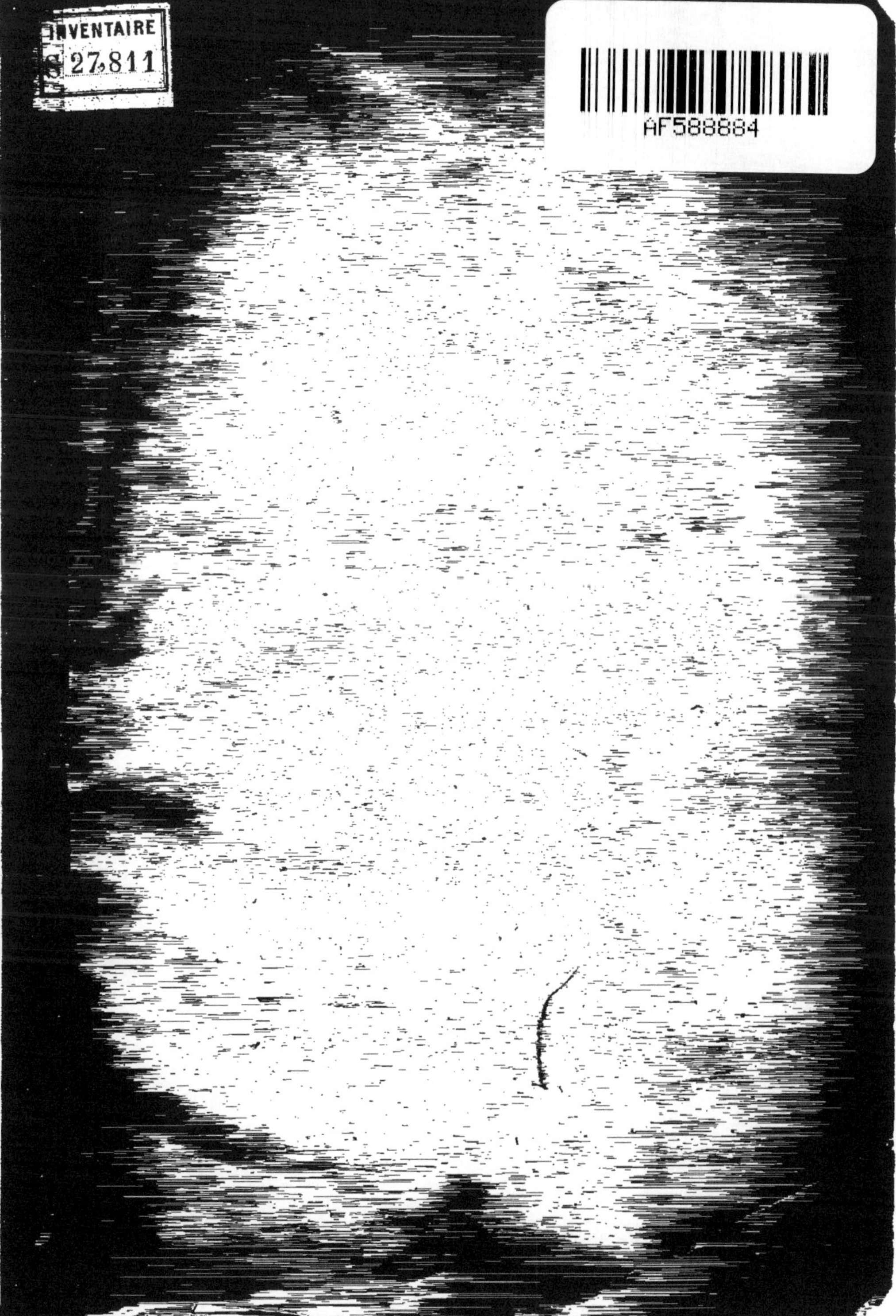

NOUVELLE

MÉTHODE DE CULTURE

Amenant toute Terre cultivable de basse valeur à la plus haute fertilité, sans faire supporter aucune charge au sol amélioré, et obtenant ainsi les produits agricoles aux prix de revient les plus réduits.

NOUVELLE

MÉTHODE DE CULTURE

EXPOSÉE

PAR M. L. GOETZ

AGRICULTEUR ALSACIEN

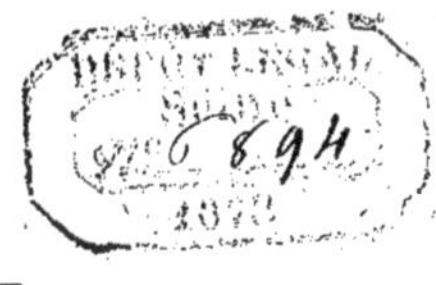

PARIS
TYPOGRAPHIE MORRIS PÈRE ET FILS
RUE AMELOT, 64

1872

SOMMAIRE.

PREMIÈRE PARTIE.

Lettre adressée à M. Chevreul. — Lettre aux souscripteurs de ma méthode — Lettre adressée à M. Lefebvre de Sainte-Marie, Directeur de l'Agriculture au ministère du Commerce et de l'Agriculture. — Communications nécessaires pour lire avec fruit les différents documents de cette brochure.

2e PARTIE.

Brochure publiée en août 1871.

Donnant un exposé succinct des principes de ma méthode d'améliorations. Et rapportant des expérimentations de la prairie mère et deux rapports faits, à la Société centrale d'Agriculture de France, par deux membres de la Commission chargée par elle d'étudier et de suivre mes expériences.

Communication à l'Académie des Sciences par M. Chevreul, Président de la Société centrale d'agriculture de France, sur l'ensemble de la méthode.

Enseignements pour créer les prairies dites prairies mères et servir aux essais indispensables avant toute application.

Polémique avec M. Lecouteux, directeur du *Journal d'Agriculture pratique.*

AVIS RELATIF A LA VENTE DE LA BROCHURE

A dater de ce jour, 6 août, M. Goetz cesse la vente en détail de sa brochure, et le prix est fixé à 2 fr. 50 cent. Mais pour laisser la faculté de commander une ou deux brochures par timbres-poste, M. Goetz s'est entendu avec Mme Meynier, boulevard la Tour-Maubourg, 74, à laquelle on pourra s'adresser.

Messieurs les libraires peuvent adresser leurs commandes directement à M. Goetz. Ils jouiront d'une remise de 0,50 c. par brochure. Ils recevront ainsi leurs commandes franco, moyennant 2 fr. par brochure.

Pour faciliter la vente dans les communes, messieurs les Instituteurs seront traités de même que messieurs les Libraires.

A Monsieur Chevreul, membre de l'Institut, président de la Société Centrale d'Agriculture de France.

Monsieur,

En 1860, plusieurs rapports furent faits à la Société Centrale d'Agriculture de France, par les membres d'une commission chargée par elle de suivre mes expériences. Vous vous êtes prononcé d'une manière favorable sur l'importance des résultats qu'ils annonçaient, alors qu'ils avaient paru presque impossibles à plusieurs membres de la Société; mais, ils n'avaient pas, comme vous, Monsieur, étudié cette question.

Dans les rapports que j'ai eu l'honneur d'avoir depuis avec vous, au sujet d'applications plus complètes sur ma méthode, j'ai acquis la conviction que, scientifiquement, vous avez résolu mes principes de culture.

Je remplis donc un devoir en le déclarant.

Agréez, je vous prie, Monsieur, l'assurance de ma vive gratitude et de mon respect.

L. GOETZ

Cultivateur Alsacien, Français d'option.

Paris, le 15 août 1872.

(Boulevard de la Tour-Maubourg, 74.)

AUX SOUSCRIPTEURS A MA MÉTHODE

D'AMÉLIORATIONS AGRICOLES

AUX MEMBRES DES SOCIÉTÉS D'AGRICULTURE

ET A TOUS LES HOMMES PÉNÉTRÉS DE L'IDÉE QUE LE PROGRÈS AGRICOLE EST UN AVENIR DE PROSPÉRITÉ POUR LA SOCIÉTÉ ENTIÈRE.

MESSIEURS,

Par ma correspondance, je remarque que beaucoup de mes souscripteurs veulent commencer l'application de mon système de prairies naturelles sur une grande échelle. Cette intention étant contraire à mes principes, j'ai désiré les empêcher de commettre cette faute. A cet effet, j'ai retardé la publication de la première partie de ma méthode d'améliorations agricoles.

Pour prouver qu'en cette circonstance, comme en toutes les autres, je ne manquerai à aucun des devoirs qui m'incombent, je communique ma lettre au directeur de l'Agriculture, au ministère de l'Agriculture et du Commerce.

Je fais également savoir à mes lecteurs que je suis en pourparlers pour appliquer ma méthode entière, par mes conseils et autant que possible par mes soins personnels, sur une ferme.

Je saisis cette occasion pour faire connaître les conditions dans lesquelles il faut qu'une terre se trouve, pour que je puisse m'engager à y diriger, par mes conseils, l'application de ma méthode.

Savoir :

Terres en état de culture et non infectées de mauvaises herbes.
Id. D'un faible rapport.
Id. A la portée d'une station de chemin de fer.
Id. Pourvues des bâtiments nécessaires pour loger au moins une tête de gros bétail par hectare.

Dans ces conditions, je doublerai le bénéfice net actuel dans le cours de trois à cinq ans, sans faire peser aucune charge nouvelle sur la terre ayant ainsi déjà reçu un commencement d'amélioration.

Cette démonstration sera faite sur le quart ou la huitième partie de la terre, suivant son importance. Elle sera de la sorte également comparative.

Comme je désire que la démonstration de ma méthode entière reçoive la plus grande publicité, je la ferai sur deux ou trois terres, si de nouvelles offres me sont faites. Je choisirai parmi les terres offertes celles où l'opération sera la plus utile pour le pays. Je prie qu'en me faisant ces offres, on me transmette encore les renseignements suivants :

L'importance de la terre offerte et sa nature.
Les bénéfices nets qu'elle donne actuellement.
L'assolement suivi.
Le nombre de têtes de bétail et autres animaux.
Si, en outre de leur fumier, on emploie d'autres engrais et pour quelle somme.

Le rendement moyen par hectare de blé, avoine, etc.

Je vous prie, Messieurs, d'agréer l'expression de mes civilités empressées.

L. GOETZ.

Boulevard de la Tour-Maubourg, 74.

Paris, le 6 août 1872.

A Monsieur de SAINTE-MARIE, directeur de l'Agriculture, au ministère du Commerce et de l'Agriculture.

MONSIEUR,

J'ai eu l'honneur de vous remettre, il y a environ deux mois, la brochure qui traite de mon système de culture. Depuis, je vous ai fait remettre aussi la brochure qui contient la communication que M. Chevreul, président de la Société centrale d'agriculture de France, a faite sur le même sujet à l'Académie des sciences.

A titre de renseignements, j'ai joint à ces pièces deux imprimés qui rapportent un fait peu scrupuleux et une communication sur un genre particulier de polémique, par lequel son auteur, M. Lecouteux, directeur du *Journal d'Agriculture pratique,* a éludé, puis refusé de traiter du fond de ma méthode qu'il avait attaquée peu sciemment.

Par ces différentes pièces, vous avez pu remarquer que je

me propose de remettre à chaque membre de l'Assemblée nationale la brochure qui énonce mes principes de culture. Je communiquerai à la Commission qui s'occupe spécialement des questions agricoles toutes les pièces qui peuvent la bien renseigner.

A cet effet, je donnerai communication à cette même Commission d'une application de ma méthode sur mille hectares, où j'avais obtenu des résultats extraordinaires sur des sables qui ne rapportaient aux anciens propriétaires qu'environ six francs par hectare.

L'Administration possède déjà sur cette terre, située dans le Loiret, un rapport fait en 1856 par M. Boitel. Mais cette pièce est inexacte, par la raison que j'étais en Alsace, à cent cinquante lieues de ma propriété, et que M. Boitel n'avait par conséquent aucune des pièces nécessaires pour l'appréciation d'une opération si colossale. Aussi son rapport est-il entaché d'erreurs nombreuses.

Par ces motifs, ce rapport a été considéré comme non avenu par M. Vicaire, lorsqu'en 1857 on a voulu me l'opposer, et empêcher les démonstrations que j'ai faites sur les domaines de la couronne qui sont rapportées dans ma brochure.

L'Administration a produit cette pièce récemment contre moi; elle eût agi différemment si on se fût rappelé ce fait.

Désirant empêcher que de semblables choses se reproduisent contrairement aux progrès agricoles, j'ai l'honneur de vous demander officiellement une copie de ce rapport; déclarant que je fais cette demande dans un but d'intérêt général.

Les documents que vous possédez, aujourd'hui, sur mon système de culture, les pièces justificatives qu'ils contiennent et les affirmations d'hommes dont le caractère, la science et la pratique ne peuvent être mis en doute par aucun homme sérieux, m'ont fait considérer comme un devoir de déclarer dans mes écrits qu'il est indispensable, pour faciliter l'application de ma méthode d'améliorations agricoles dans les contrées si différentes de climat et de culture que la France offre, que des études sérieuses d'application de ma méthode y soient faites.

Or, comme pour faire ces études au plus grand avantage de tous il faut une expérience acquise, que nul ne peut jusqu'à présent posséder, j'ai annoncé dans ces mêmes publications que j'offrirai de les faire.

Sachant que les décisions ministérielles ne sont prises ordinairement que sur un rapport de l'Administration, j'ai eu l'honneur de vous faire, samedi dernier 20 juillet, une visite pour vous communiquer mon intention avant de faire une demande d'audience à M. le ministre de l'Agriculture.

En conséquence, je vous prie, Monsieur, de m'honorer d'une réponse, et de me faire savoir si les documents en votre possession vous paraissent intéresser suffisamment le progrès agricole, pour être autorisé de m'appuyer de votre assentiment. Au cas où, malgré l'autorité des pièces produites, vous auriez des objections à me faire, veuillez me les communiquer pour que je puisse vous renseigner plus complétement et agir en conséquence.

Permettez-moi d'ajouter que, quelque importantes que soient ces études générales pour le pays, je n'offrirai néanmoins de les faire, et je ne puis les faire qu'avec le concours du gouvernement; et comme j'ai déclaré ces études indispensables, je tiens à pouvoir justifier que j'ai fait les démarches nécessaires pour éclairer l'Administration à leur sujet.

Agréez, je vous prie, Monsieur, l'expression de la haute considération de votre très-humble serviteur,

L. GOETZ.

Paris, le 23 juillet 1872.

COMMUNICATIONS NÉCESSAIRES

Pour lire avec fruit les différents Documents que je reproduis dans cette brochure, avant l'article Prairie mère, qui en est le sujet.

Pour faciliter et mieux assurer le succès des applications de ma méthode d'améliorations agricoles dans toutes les contrées de la France, j'ai dû en diviser la publication, parce qu'on ne saurait procéder avec trop de prudence pour obtenir une réussite complète et générale, dans les conditions si différentes de climat et d'habitudes locales que mes applications doivent inévitablement rencontrer. J'ai même retardé la publication des enseignements relatifs aux prés, dans le but de m'opposer autant que possible à de grandes créations immédiates de prairies, et d'obliger en quelque sorte mes imitateurs à commencer cette année les applications de mon système de prés par des essais sur une petite échelle, que je recommande comme indispensables afin d'acquérir d'abord la connaissance des difficultés locales à combattre.

En agissant ainsi, chaque cultivateur s'assurera par lui-même et sur ses terres, que l'obtention des productions fourragères que mes enseignements annoncent est possible partout. Mais je dois déclarer d'avance qu'il s'expose à de grands mécomptes, s'il opère en grand avant de connaître les enseignements de ma méthode entière par la brochure qui paraîtra dans le courant de 1873. Alors seulement il pourra appliquer mon système de prairies plus en grand, parce qu'il aura acquis la conviction que ce n'est qu'en se pénétrant bien de mes principes de culture et en observant à la lettre toutes mes autres recommandations, et particulièrement celle de n'introduire ma méthode que successivement dans ses cultures, qu'il peut arriver à des résultats semblables à ceux que j'annonce et à leur continuité.

Par ces motifs, cette brochure reproduit les documents déjà publiés, et traite seulement des essais à faire de mes différentes prairies, dites prairies mères, que je recommande d'exécuter pour cet automne.

Je considère aussi comme une question capitale pour généraliser le progrès agricole, de convaincre les propriétaires qu'il est d'un haut intérêt pour eux d'accorder des baux à longue durée à leurs fermiers. Dans ce but, j'ai mis, page 45, un avis aux propriétaires au sujet des baux et de la possibilité de concilier, à leur grand avantage, leurs intérêts et ceux des fermiers, en leur accordant des baux à longue durée.

J'explique aussi brièvement les différents moyens et procédés d'améliorations par lesquels ma méthode porte toute terre en culture, et les landes mêmes, à la haute production des terres de même nature les plus fertiles, sans que cette transformation intégrale de la terre impose en définitive une charge quelconque au sol ainsi amélioré. Je fais ainsi entrevoir que ma méthode est non-seulement le moyen d'obtenir les productions agricoles aux prix de revient, les plus réduits mais qu'elle amène aussi la fortune territoriale à un accroissement proportionné de valeur.

Dans la même intention et pour justifier que ma méthode n'est pas à l'état de théorie, mais bien à celui d'une pratique accomplie et que mes principes de culture sont conformes aux progrès de la science et à une pratique éclairée, je reproduis un article que j'ai extrait du *Journal des Savants* (novembre 1870), par lequel M. Chevreul, l'illustre savant, président de la Société centrale d'Agriculture de France, communique à l'Académie des sciences les rapports de deux membres de la commission chargée, par la Société, de suivre mes expérimentations; rapports auxquels il a ajouté ses appréciations personnelles.

Je fais ainsi connaître succinctement comment mes moyens d'améliorations amèneront l'agriculture dans une voie nouvelle, voie par laquelle la mise en fertilité des terres de la moindre valeur devient possible, même avec les simples ressources de chaque cultivateur.

Dans l'intention d'attirer un examen sérieux sur ma méthode, je me proposais de remettre à tous les membres de l'Assemblée nationale, un exemplaire de la brochure qui en énonce les principes, et qui a paru en 1871; je voulais aussi adresser diverses demandes à messieurs les ministres. Mais ayant craint que les questions politiques dont la Chambre avait à s'occuper, ne permissent pas à ses membres d'examiner mon travail avec toute l'attention qu'il comporte, j'ai différé cette communication, et aujourd'hui j'ai résolu de la remplacer par un exposé plus succinct, que je remettrai à chacun de messieurs les députés, à la rentrée des vacances de l'Assemblée nationale; et je déposerai un certain nombre d'exemplaires de ma brochure à la Commission de l'Assemblée nationale, chargée spécialement des questions agricoles, afin que messieurs les députés qui voudront étudier, ma question puissent le faire à loisir. Ce ne sera qu'après cet examen, que je sollicite, et celui de la Commission, que je demanderai une audience à monsieur le ministre de l'Agriculture, au double point de vue des études d'application à faire dans les départements, et des démonstrations que je propose d'y diriger.

Je remplacerai, par ces études et par ces applications, les expériences que je voulais faire primitivement avec le concours du gouvernement, ainsi que je l'ai annoncé dans ma brochure page 19.

Alsacien de naissance, Français de cœur et d'option, je m'estimerai heureux de faire profiter mon pays, après les immenses désastres qui viennent de le frapper, du fruit de plus d'un demi-siècle de pratique et d'observations agricoles.

PROCÉDÉS
DE
CULTURE

Basés sur des expériences faites en grand

ET AMENANT UNE AMÉLIORATION RADICALE DANS LE MODE D'EXPLOITATION

DES

Prairies naturelles, des Terres de toutes natures
des Terres plantées en vigne
et dans la production des Fumiers

Par M. GOETZ

AGRICULTEUR ALSACIEN

PARIS
IMPRIMERIE RENOU ET MAULDE
RUE DE RIVOLI, 144

1871

PROCÉDÉS
DE CULTURE

Les améliorations agricoles de toutes natures, énoncées dans le titre de cette brochure et déjà exprimées en partie dans ma lettre, ne sont pas des assertions hasardées; — elles sont le fruit d'expériences, — d'observations et de faits pratiques justifiés, dont les premiers remontent à plus d'un demi-siècle et constituent, par leur ensemble, un système de culture d'autant plus avantageux que ses assolements le rendent d'une application générale par les nombreuses modifications auxquelles ils se prêtent. Par ces motifs, — ma méthode d'améliorations agricoles intéresse l'agriculture de tous les pays, mais plus particulièrement celle de la France.

Je la présente comme devant amener successivement toute terre cultivable, susceptible d'être approfondie, à des récoltes abondantes et aux prix de revient les plus réduits des terres de même nature, — sans nécessiter à la rigueur, à défaut d'un capital pour opérer plus vite, d'autres ressources que celles dont dispose le cultivateur qui l'exploite, et, en définitive, — sans imposer, dans l'un ou l'autre cas, une charge nouvelle au sol amélioré, ni même — pour convertir les terres arables, encore de basse valeur aujourd'hui, en prairies naturelles du plus haut rendement et sans que les irrigations soient nécessaires.

Cet ensemble d'améliorations territoriales, sans prix de revient, s'effectue par les moyens suivants, et par les bénéfices nets, supérieurs à ceux des cultures antérieures, que les prairies donnent, et qui permettent au cultivateur de rembourser en peu d'années les avances que l'installation de ses améliorations auront nécessitées.

EXPOSÉ SOMMAIRE DES MOYENS D'AMÉLIORATION

PREMIER MOYEN

Il comprend mes différentes sortes de prairies naturelles et la manière de les exploiter.

Toutes sont composées de plantes de choix, vivaces et fleurissant à peu près en même temps. Je varie le nombre des plantes de chaque pré, depuis deux seulement jusqu'à douze et quinze, dans le but de ne comprendre dans chaque composition différente que les plantes dont les qualités particulières conviennent le mieux à la nature des terres, — aux espèces d'animaux qui doivent les consommer, et qui peuvent surtout donner sous tous les climats, étant coupées au moment où elles entrent en fleurs, des récoltes certaines dans les meilleures conditions de quantité, de qualité et de prix de revient.

Je fais ordinairement deux coupes avant les chaleurs. Par les printemps très-secs, je n'en fais qu'une seule avant les chaleurs, mais très-forte, et, — sans que dans l'un comme dans l'autre cas, les irrigations me soient nécessaires. Je ne crains pas d'affirmer que, — même dans les contrées les plus chaudes du midi de la France, j'obtiendrai, par les années les plus sèches et aussi sans irrigations, une coupe variant entre cinq et dix mille kilogrammes, — alors que la généralité des prairies donnent des récoltes très-inférieures à celles des années ordinaires, et que les cours s'élèvent quelquefois à 50 et 60 francs les cinq cents kilogrammes et plus.

Je ferai observer que par les années ordinaires et dans les contrées tempérées je fais, — outre les deux coupes du printemps ou une seule, mais très-forte, une autre coupe fin d'août ou au commencement de septembre, qui produit quelquefois, dans les années favorables, jusque quatre mille kilogrammes, et un pâturage d'arrière-saison, à moins que je livre cette végétation toute entière à ce genre de consommation.

Ce système de prairie a encore le grand avantage que, dût-on, par les années humides, avoir une coupe entière mal rentrée, comme cela arrive quelquefois, on a encore la chance d'une bonne seconde coupe et même d'une troisième, ainsi que cela est justifié par des faits, page 30 et suivantes.

Des pièces d'une authenticité incontestable seront communiquées pour attester, — qu'en moyenne, je puis nourrir, par hectare de pré, de deux à trois têtes de gros bétail à l'année. Or, l'expérience prouvant — que l'entretien à l'état de haute fertilité de mes prairies ne nécessite que la moitié du fumier provenant de la consommation de leurs fourrages, il en résulte que je puis disposer, même par l'année la moins prospère, — du fumier d'une bête par hectare de pré pour d'autres améliorations et qu'il suffit, pour obtenir ce résultat de convertir la moitié d'une terre en prés, établis d'après mes principes, et de les exploiter de même, pour que l'autre moitié de la terre bénéficie de cette quantité de fumier.

La disposition gratuite du fumier, dans la proportion de tous les besoins de l'agriculture, se réduit, d'après ma manière d'exploiter la terre à — ***une simple proportion de l'étendue des terres converties en prairies, et de celles livrées aux autres cultures.***

Il est de notoriété pour beaucoup de cultivateurs, qu'avec un bon assolement, le fumier d'une tête de gros bétail par hectare de terre en culture est la quantité jugée nécessaire pour une exploitation très-prospère; tout comme il est aussi de notoriété, — qu'en moyenne notre agriculture ne dispose pas, par hectare de terre en culture, de la moitié du fumier d'une forte bête; que, de plus, — le fumier est assez généralement mal soigné et provient encore de fourrages ayant plus ou moins de qualité. Je crois, en conséquence, utile de faire observer, quant à ce qui me concerne :

Que le fumier livré gratuitement aux autres cultures par

mon système de prairies, provient de gros bétail de rente nourri à l'écurie. Qu'il est non-seulement supérieur en qualité aux fumiers ordinaires, parce qu'il provient de la consommation de fourrages de choix, mais aussi parce qu'il reçoit, — outre des soins particuliers de fabrication, les condiments minéraux que la nature des terres et les assolements peuvent nécessiter, et que sans m'éloigner beaucoup de la vérité, je puis ajouter :

Qu'une exploitation qui ne dispose que du fumier d'*une demi-tête de gros bétail par hectare* et dans laquelle j'introduis ma méthode de culture avec mon système de prairies, — dans la proportion de moitié, arrive successivement à disposer gratuitement d'une quantité de fumier, qu'on peut évaluer contenir trois fois autant de matières fertilisantes que celles contenues dans les fumiers, que cette terre recevait avant l'introduction de mon mode d'exploiter la terre.

C'est par ces motifs que, moi aussi, je compte au nombre des cultivateurs qui, avec un bon système de culture, considèrent cette quantité de fumier suffisante.

Je n'ignore pas que les cultivateurs qui soignent mal leurs fumiers, que ceux qui tout en les soignant font des cultures exceptionnelles, peuvent très-bien ne pas trouver suffisante la quantité de fumier qu'on désigne vulgairement par les mots de tête de gros bétail, mais le tout est de s'expliquer.

Moi-même, dans certains de mes assolements, j'emploie jusqu'au double et même des engrais de commerce. Mais ce sont des cas exceptionnels de culture et de circonstances qui seront expliqués à l'article *assolement*, tout comme je me prononcerai sur la valeur des fumiers de commerce que je jugerai devoir être employés de préférence.

DEUXIÈME MOYEN

Il a pour but de fertiliser et d'ameublir profondément la terre pour la rendre accessible aux influences utiles, telles que celles de l'air, de l'eau de pluie, des rosées, des brouillards, afin de préserver les cultures contre les excès d'humidité, de froid de l'hiver, des sécheresses de l'été, et de constituer des végétations vigoureuses qui prélèvent, dans de larges proportions, sur ces éléments, des principes fertilisants qu'elles élaborent et les font concourir avec les fumiers à produire d'amples récoltes, qui redoutent d'autant moins la verse que la terre aura été rendue meuble plus profondément. Elles empêchent aussi les végétations de jaunir lors des pluies continues au printemps.

Pour atteindre ce but, on commence par déterminer l'importance de la partie de la ferme qui doit être améliorée la première. Ce point arrêté, la dépense consiste en une très-forte fumure, soit avec du fumier de ferme, ou, à défaut, avec un engrais artificiel de commerce; puis cette partie de terre est soumise aux rotations de culture de l'assolement que le système lui assigne.

La première modification consiste à obtenir d'ordinaire, si l'assolement le permet, — deux récoltes de fourrages dans la même année, plus — une et quelquefois deux récoltes dérobées de racines pivotantes, dont on confie les graines à la terre en même temps que celles des deux récoltes principales. Cet ordre de culture est annuel ou une année sur deux. Les racines sont enfouies en vert en même temps que les fumiers provenant de la consommation des fourrages et les chaumes des deux récoltes principales, — par le labour disposant la terre pour l'ensemencement de chacune de ces deux récoltes.

Pour exécuter ces labours, je me sers d'une charrue dont le travail demande la force de deux chevaux. Elle retourne d'abord la terre à la seule profondeur des labours précédents, et ce n'est qu'après avoir porté cette couche de terre à une haute fertilité, — par les engrais, — les récoltes dérobées et les chaumes des récoltes principales que cette terre produit, — qu'on fait pénétrer la charrue successivement plus profondément dans le sol, — mais jamais avant d'avoir porté de même cette nouvelle couche de terre à la plus haute fertilité comme la première.

Indépendamment de ce premier moyen d'amélioration, qui demanderait un certain nombre d'années pour donner à la terre végétale une profondeur en rapport avec sa nature, cette charrue est suivie par une seconde charrue de la force d'un cheval, qui ne fait que fouiller la terre sans la retourner. Cette seconde charrue est armée, en outre du soc, de trois couteaux en forme de coutre, disposés de manière à découper la terre en trois lanières et à déplacer tous les obstacles sans encombrement. Elle ne pénètre jamais plus avant à la fois dans le sol, que de la force dont elle dispose et de ce que la nature du sous-sol permet. Par cette manière d'opérer, la terre, placée sous la raie de la charrue à versoir, se trouvant divisée et fouillée par les deux labours de l'année de la charrue à couteaux, se laisse pénétrer plus facilement par les racines pivotantes qui, y étant découpées, concourent par leur décomposition à former un engrais dont l'effet accélère l'amélioration de la couche de terre, dite végétale, et celle du sous-sol.

Le travail de cette seconde charrue a surtout pour but de faire jouir la culture, dès la première année de son opération, des avantages d'un sol plus profond, et de faciliter la végétation des racines à enfouir qui, moyennant une faible dépense pour les produire, concourent à fertiliser le sol végétal et à constituer un sous-sol aussi riche sans que sa terre ait besoin d'être exposée à l'air, comme celle de la charrue à versoir. En effet, ce sol est non-seulement travaillé deux fois tous les ans par la charrue à couteaux, mais il est perforé, durant tout le temps de la végétation des racines, puis il reçoit comme matières fertilisantes et ameublissantes les parties de ces mêmes racines que la charrue y découpe, plus tous les engrais que les eaux des grandes pluies enlèvent à la couche du sol dit végétal. Il devient de la sorte un dépôt riche en matières assimillables et en humus.

Outre tous ces moyens améliorants, le sous-sol s'ameublit encore de tous les effets des gaz provenant de la fermentation des racines, gaz dont l'action dissolvante rend végétales, ainsi que la chimie l'explique, beaucoup de parties minérales contenues dans la terre approfondie et qui, jusqu'alors, y étaient restées à l'état inerte.

La profondeur à donner au sol végétal et au sous-sol varie suivant la nature des terres, mais avec cette différence que celle du sous-sol doit être d'autant plus grande que celle du sol végétal l'est moins. Par ces motifs, je donne au sol végétal une profondeur de 12 à 20 centimètres, suivant la nature des terres, de manière à constituer, autant que possible, par le travail combiné de ces deux charrues, *une profondeur totale de 30 à 50.*

S'il arrivait que, par exception pour certaines natures de terres et leur plus ou moins de déclivité, il fallût plus de force pour approfondir suffisamment la couche végétale, cela deviendrait très-facile : le sous-sol étant déjà riche par les améliorations des années écoulées, et se trouvant ameubli par les mêmes causes. On arrêterait le travail de la charrue à couteaux et on ajouterait à la charrue à versoir la force du cheval dont dispose la charrue à couteaux.

C'est ainsi que, par des travaux successifs et l'observation, le cultivateur parvient à rendre la terre accessible aux influences atmosphériques, et à la fertiliser à la profondeur nécessaire pour que les matières fertilisantes puissent y trouver assez d'humidité pour être constamment dans un état assimilable.

L'humidité nécessaire et les moyens de l'entretenir, durant la saison de la végétation, pour obtenir des récoltes garanties contre les sécheresses, ne proviennent pas seulement des eaux de pluies et des influences atmosphériques, mais, dans beaucoup de terres, *et celles-là seules ne redoutent aucune sécheresse,* cette humidité est entretenue par les rapports qui se sont établis avec la terre placée sous celles travaillées par les instruments, au moyen des racines pivotantes qui ont pénétré plus profondément dans la terre, et qui, en s'y décomposant, maintiennent par leurs détritus des rapports qui font concourir ce dernier sol à la réussite des récoltes.

Lorsqu'une terre contient une ou plusieurs nappes d'eaux souterraines, le succès est encore plus assuré. Dans ces cas, je ne draine ordinairement les terres qu'à une profondeur de 50 à 60 centimètres. Les nappes d'eaux souterraines qui fournissent toute l'année, doivent, par ce motif, être considérées comme donnant une grande valeur aux terres, lorsque les eaux sont bonnes et qu'elles peuvent s'écouler.

C'est moyennant ces améliorations que je maintiens la terre plus longtemps humide lors de grandes sécheresses et que, concurremment avec les plantes vivaces et hâtives de mes prairies, j'ai la certitude d'obtenir partout où une végétation est possible, au moins une première coupe abondante de fourrage, et les faits prouvent que cette coupe peut même s'élever à 10,000 kil.

Ce sont ces grands produits certains et l'amélioration de toute terre végétale sans charge nouvelle en définitive pour la terre, qui distinguent ma méthode d'amélioration et font ressortir sa supériorité sur tous les systèmes à ma connaissance.

TROISIÈME MOYEN

Il se compose de tous mes assolements dont la diversité est de rigueur, ma méthode ne pouvant être — d'une application générale avantageuse, à moins d'obtenir, — sous tous les climats et dans toutes les conditions de culture, des résultats identiques.

Par ces motifs, je crois utile d'insister sur l'indispensabilité d'études d'applications, afin qu'il puisse être prouvé pratiquement, par des exemples, dans toute la France, ainsi que j'en fais l'offre p. 18, que, par l'introduction de ma méthode dans une culture, on obtient successivement :

1° Le fumier sans prix de revient, par l'introduction de mon système de prairie et par les deux récoltes fourragères que j'obtiens sur la partie des terres soumises à la culture de la période dite d'amélioration, expliquée dans l'article qui précède ;

2° Augmentation successive de la fertilité du sol par les fumiers provenant de la quantité croissante des fourrages consommés dans la ferme ;

3° Diminution de dépenses pour des résultats égaux. Je soustrais de la culture ordinaire toutes les terres auxquelles je ne puis pas donner de suite une augmentation sensible de fumier, et je les soumets à un de mes assolements qui couvre les dépenses que leur amélioration nécessite ;

4° Produit net, supérieur et croissant, comme la conséquence des moyens qui précèdent ;

5° Création de prairies en rapport avec les ressources du cultivateur, produisant, dès la première année, un minimum de 10,000 kilogrammes de foin de première qualité par hectare, et deux mois de pâturage ; plus une marche ascendante de fertilité qui permet la création de prairies semblables à mesure de l'amélioration des terres, sans autres dépenses que les simples frais de culture, les graines mêmes étant fournies par les prairies précédemment créées. Ainsi, — possibilité de convertir successivement toutes les terres, améliorées par la méthode, en prairies, sans dépense de constitution, — *cette terre fut-elle de la moindre valeur au commencement de l'opération.*

Cet article fera l'objet de la prochaine publication. Elle est le complément de celle-ci, et traitera particulièrement des différentes prairies du système ;

6° En définitive, amélioration intégrale, pour la généralité des cas, dans le cours d'un bail de 9 à 12 ans, et de deux baux, dans les cas les plus difficiles, par la combinaison des divers moyens de la méthode et de mes assolements, sans imposer aucune charge au sol, parce que, quelles que soient les dépenses, elles seront facilement couvertes, dans le cours des baux, par les bénéfices que la méthode donne en sus des cultures précédentes. Cette justification sera donnée à l'article *assolement* (2e publication).

QUATRIÈME MOYEN

Il consiste dans l'assainissement des sols où la méthode est appliquée par un drainage économique particulier, qui coupe l'eau souterraine à une profondeur de 50 à 60 centimètres, et qui ne coûte, en général, qu'environ 50 francs par hectare. Il permet assez souvent d'utiliser sur place, comme eaux d'irrigation, les mêmes eaux dont le séjour était nuisible.

Mon système de culture considère une nappe d'eau souterraine comme très-utile, lorsque l'eau est de bonne qualité, non-seulement parce qu'elle ne peut devenir nuisible qu'en faisant irruption dans mon sous-sol amélioré, mais parce que, dans ce dernier cas même, ainsi que je viens de le dire, je m'en sers comme eau d'irrigation, si la déclivité du sol le permet, ou je la détourne définitivement, à moins que les couches superposées de la terre me permettent de donner à cette eau une autre destination utile, en la faisant s'écouler de manière à entretenir la fraîcheur dans mes différentes couches de terre. Mais, ainsi qu'il sera dit à l'article *drainage*, ce dernier moyen n'est possible que si la nappe fournit de l'eau toute l'année, ou au moins jusqu'au 15 juillet.

Par ces explications, et celles déjà données, on peut voir que mes drains ne sont pas nombreux et qu'ils sont ordinairement placés à 50 ou 60 centimètres de profondeur, alors que les eaux souterraines font irruption dans mon sous-sol.

CINQUIÈME MOYEN

Cet article traite du remplacement des fumiers pour la vigne par des engrais végétaux spéciaux, dont les graines ne coûtent que de 5 à 15 francs par hectare, que l'on confie au sol après certaines façons, et dont on enfouit les plantes par la façon suivante. A ces engrais on ajoute des compléments minéraux, s'ils sont nécessaires.

Mes lecteurs comprendront que l'on ne doit faire les semis qu'après les façons qui laissent à la plante le temps de prendre un certain développement.

D'après des renseignements qui m'ont été donnés, il paraîtrait que le semis le plus profitable, dans les parties les plus méridionales de la France, serait celui qu'on ferait lors des vendanges.

Ce mode de fertiliser la vigne est d'une utilité toute spéciale pour les vignes en côte et pour celles plantées dans des terres où l'argile domine.

Ce genre d'engrais permet au vigneron de fertiliser sa vigne à volonté et de charger le cep proportionnellement par la taille. Il accélère la maturité du raisin et rend plus rares les années qui produisent des vins de mauvaise qualité, en ameublissant les terres dont la surface, en durcissant, intercepte le libre accès des eaux de pluies et des influences atmosphériques avec les racines et retarde quelquefois la végétation de plusieurs semaines.

Il sera également expliqué comment des terres trop chaudes trouvent un auxiliaire dans le détritus de certaines plantes et dans le mode de leur exploitation pour les garantir, tout au moins, contre les sécheresses qui ne sont pas trop prolongées.

Pour faciliter la propagation de ce mode de fumure, je ferai un traité particulier pour la vigne.

Études et Propositions que je compte faire, pour faciliter l'introduction de ma méthode dans nos cultures.

Pour introduire mon système d'améliorations dans toutes nos contrées, l'approprier le plus utilement aux circonstances locales particulières, aux exploitations et aux aptitudes agricoles diverses des populations cultivant la terre sous des climats différents, qu'une application générale doit inévitablement rencontrer et prendre en considération, — il se présentera des cas nombreux qui réclameront impérieusement des études sérieuses des lieux et des enseignements pratiques destinés à diriger les premières applications, si on ne veut pas exposer les cultivateurs peu expérimentés à ne pas opérer sciemment et à perdre beaucoup de temps. Les agriculteurs les plus distingués mêmes puiseront, dans ces études des localités, des moyens pour faciliter leurs applications qui, étant très-variées, nécessitent des connaissances pratiques qu'on n'acquiert que successivement et avec le temps, — mais qu'il serait essentiel de posséder dès le début.

Convaincu de cette importance et, j'ajouterai, de l'indispensabilité de ces études pour une application générale, j'ai divisé la publication de ma méthode en deux parties, dans l'intention d'offrir au Gouvernement de faire ces études d'application sur des fermes qui me seraient offertes à cet effet dans chaque département, afin que la publication de la deuxième partie de ma méthode puisse satisfaire à ce besoin.

Cette tâche, quelque lourde qu'elle soit pour mon âge, me sera néanmoins bien douce en ce que mon pays jouirait presque immédiatement de tous les avantages de ma méthode, au lieu de les attendre du temps, qui, malheureusement, ne marche pas vite en progrès agricole.

Ma méthode d'améliorations étant par ses résultats, pour la société, une question tout à la fois agricole et sociale, j'aurai l'honneur de faire aux ministères compétents les propositions

AVIS IMPORTANT

Le temps me manquant pour diriger les démonstrations énoncées pages 19 et 20, et faire en même temps les études d'applications de ma méthode dans tous les départements de la France, *je juge qu'il est plus utile de faire ces études d'applications. Elles donneront lieu à faire des démonstrations, dans chaque département, sur des cultures particulières, semblables à celles que j'eusse faites sur deux points seulement*, et au compte de l'État.

Je ne ferai donc pas les propositions, pages 19 et 20, à messieurs les ministres de l'Agriculture et de la Guerre ; mais j'adresserai à M. le ministre de l'Agriculture la demande, page 20, que je voulais faire à M. le ministre de l'Intérieur.

On laisse subsister la table page 48 de cette brochure, publiée en 1871, pour en faciliter l'examen.

suivantes, en réclamant leur concours respectif pour mener promptement cette question à bonne fin.

A M. le Ministre de l'agriculture et du commerce, j'offrirai d'appliquer mon système de culture sur une des fermes de l'ancienne liste civile, la plus rapprochée de Paris, par des moyens pratiques d'un emploi général et particulièrement avantageux pour l'amélioration de nos cultures arriérées et les terres de peu de valeur, et d'y justifier :

1° La possibilité d'obtenir, à titre de récoltes certaines, les fourrages de la prairie naturelle aux prix de revient les plus réduits et dans des proportions quadruples de la moyenne que les statistiques indiquent pour être celle des prairies en France, sans recourir aux irrigations, même par les années les plus sèches ;

2° Que l'introduction de mon système de prairies dans une culture a, pour conséquence naturelle, la production du fumier de ferme sans prix de revient dans la proportion de tous les besoins, et, de plus, approprié, par une fabrication spéciale, aux erres et aux assolements, quelles qu'en soient les natures ;

3° Qu'après avoir amélioré, sans charges nouvelles pour le sol, des terres de basse valeur, comme il s'en trouve à la ferme de Rambouillet, j'y justifierai : l'élevage et l'engraissement des animaux domestiques des espèces ovine, porcine et bovine dans les meilleures conditions de qualité de viande, et à des prix de revient tellement modérés, que les animaux provenant de nos meilleurs herbages ne pourraient être livrés aux mêmes prix à la consommation sans constituer le cultivateur en perte ;

4° Que j'y obtiendrai encore, sur des terres à blé, prises dans les mêmes conditions de faible qualité et améliorées de même, l'hectolitre de froment à un prix de revient inférieur à 10 francs, par les années les plus sèches, alors que les cours s'élèvent souvent à 30 francs et plus (1).

(1) L'on vient de me faire observer qu'il y a une telle quantité de lapins dans les tirés de Rambouillet, qu'une expérimentation y devient impossible. Je vérifierai ce fait et j'aviserai à faire une autre proposition.

A M. le Ministre de la guerre, je proposerai d'obtenir, sur une des fermes du camp de Châlons, le foin dê première qualité, récolté en fleurs, au tiers des prix, et, très-probablement, au quart de ceux que l'État paye pour des fourrages d'une qualité inférieure, destinés à la nourriture des chevaux de l'armée.

A M. le Ministre de l'intérieur, je demanderai à faire des études d'application de ma méthode entière dans toutes les localités de la France, et de faciliter, par mes conseils, l'établissement d'une ferme démonstrative de mon système de culture dans chaque département, pour y faire les mêmes justifications que celles énoncées par mes propositions à MM. les Ministres de l'agriculture et de la guerre.

Ce ministère n'aurait d'autres frais à supporter qu'une allocation pour me rembourser mes dépenses personnelles et celles d'enseignements, afin que je puisse faire toutes ces études gratuitement, et satisfaire aux demandes de conseils dans le cours des opérations.

Dans l'audience que je solliciterai, afin d'attirer toute l'attention de M. le Ministre sur l'importance de ma proposition, j'aurai l'honneur de lui faire observer que cette seule dépense à sa charge pourrait même être supprimée après deux tournées générales.

A M. le Ministre de l'instruction publique, je ferai une demande pour que les instituteurs soient chargés, dans un cours du soir, l'hiver, d'expliquer ma méthode aux cultivateurs insuffisamment lettrés.

Je crois, surtout, être conséquent avec l'engagement que j'ai contracté sous l'Empire de publier ma méthode dans l'intérêt du pays, en offrant cette brochure, comme une question de bien public, à l'appréciation de M. le Président du Gouvernement, à MM. les Ministres et à MM. les Membres de l'Assemblée nationale, comme représentant les intérêts généraux de la France, et aux hommes spéciaux à ma connaissance. *Ces communications soumettront ainsi ma méthode d'améliorations agricoles au jugement du pays tout entier.*

Mes propositions recevant l'accueil que je crois pouvoir en attendre des différents ministères, ma méthode ne tarderait pas à être admise par nos cultivateurs et elle aurait pour effet que :

La France ne serait bientôt plus obligée de recourir aux produits des autres pays pour faire face aux besoins de l'alimentation générale, besoins qui, en temps ordinaire, nécessitent la sortie de nombreux capitaux dont nos cultivateurs profiteraient, et qui, — lors de grandes sécheresses dont nous subissons souvent les conséquences, nous imposent de lourds sacrifices, lorsqu'au contraire, dans ce dernier cas, la France pourrait, à son tour, pourvoir les pays moins favorisés qu'elle.

Le ministère de la guerre y trouverait à faire de grandes économies sur la nourriture des hommes, des chevaux, et, de même que les services publics, l'administration de la guerre serait dispensée de se pourvoir de chevaux hors de France; l'élève du cheval et des autres animaux domestiques pouvant se généraliser dans tous nos départements avec de grands avantages, au moyen des fourrages à bas prix.

Nos industries en général y trouveraient aussi un puissant concours, les ouvriers pouvant se nourrir à meilleur marché. D'autre part, la grande comme la petite culture faisant des bénéfices supérieurs à ceux d'aujourd'hui, et pouvant mieux rétribuer l'ouvrier des champs, retiendraient les populations agricoles dans leurs foyers, où les mœurs honnêtes de la famille dominent; et, comme conséquence naturelle, les grands centres ne seraient plus surchargés d'ouvriers, ainsi que cela a lieu aujourd'hui, au détriment de l'agriculture qui manque souvent de bras, au point que la rentrée des récoltes est quelquefois compromise.

J'ai la conviction que ces considérations frapperont tous les esprits sérieux; mais, si pour justifier mon insistance sur la nécessité à ne négliger aucun moyen pour modifier la situation, il fallait appuyer encore mes observations et propositions par d'autres documents et faits, j'ajouterai :

Que l'enquête agricole, les statistiques et la connaissance que nous avons de la situation de notre agriculture, constatent que nous avons des localités où des cultures hors lignes produisent jusqu'à 40 et plus d'hectolitres de froment à l'hectare, tandis que, dans d'autres, nous avons des cultures qui n'en produisent que 10; que la moyenne de la France s'élève au plus à 14 hectolitres de froment, et que celle des prairies varie entre 2,500 à 3,000 kilogrammes de fourrages de qualités plus ou moins bonnes, soit, par hectare, environ la moitié du fourrage nécessaire pour nourrir à l'année une tête de gros bétail.

Ces faits ne disent-ils pas assez haut : que ce n'est pas avec des récoltes semblables, et, de plus, encore incertaines, que notre agriculture peut livrer ses produits à des cours modérés, réguliers, et, moins encore, nous affranchir de la nécessité de recourir aux produits des autres pays?

Il est vrai qu'espérant améliorer cette situation, beaucoup de cultivateurs ayant reconnu la nécessité de garantir leurs cultures contre les sécheresses et les excès d'humidité, afin d'arriver à des récoltes plus certaines, cherchent depuis longtemps à ameublir, par des labours de 20 à 30 centimètres de profondeur, le sol végétal des terres qui ne sont ni assez profondes ni assez meubles. Il résulte des faits qu'ils réussissent bien sur certains sols, mais, malgré leurs grands frais de culture, ils ne peuvent arriver à des résultats suffisants sur le plus grand nombre des terres, parce qu'il leur faudrait, — pour celles à sol très-compacte, en outre, des enfouissements de récoltes vertes, dont certains font emploi concurremment avec les labours profonds, — de nombreux fumiers qui, déjà, faute de bons fourrages en suffisance et à bon marché, leur font en partie défaut pour les besoins ordinaires de leurs cultures.

Ils ont aussi compté obtenir des fourrages en suffisance et à bas prix par l'irrigation des prairies naturelles, par les prairies artificielles, les cultures fourragères de toutes natures, et, particulièrement, par celle de la betterave; mais, ce qui prouve — que ces fourrages et les irrigations des prairies naturelles, telles qu'on les exploite, ne peuvent constituer qu'exceptionnellement la base fourragère pour la tenue d'un bétail en rapport avec le besoin de fumier des terres en culture, que leur exploitation n'est pas suffisante ni assez lucrative et qu'il y a nécessité d'aviser à mieux faire; — c'est que les cours des fourrages sont encore généralement élevés, les récoltes incertaines, et que, dans beaucoup de localités, — les cultivateurs sont obligés d'attribuer un prix de revient aux fumiers de leurs bestiaux de rente, parce que les bénéfices qu'on en obtient ne couvrent pas toujours la valeur des fourrages consommés.

Cette obligation d'ajouter au compte annuel une dépense pour les fumiers, en leur imposant un prix de revient, — lorsque dans un grand nombre d'exploitations les récoltes supportent déjà les frais de culture et de fermage de deux et même trois hectares pour n'en obtenir que l'équivalent du produit d'un hectare en parfait état de fertilité, — confirme les justes craintes de beaucoup d'hommes, amis du progrès, de voir cet état anormal se prolonger, sans que, dès à présent, il soit possible de lui assigner un terme.

Dans l'intention de protéger l'agriculture française, le Gouvernement se propose de recourir à des droits protecteurs.

Sans émettre une opinion à ce sujet, je me permettrai une observation : la protection ne serait-elle pas plus efficace encore si, simultanément, on enseignait des procédés de culture meilleurs que certains de ceux en usage? Ce serait résoudre cette question au plus grand avantage de la société et de notre agriculture.

J'ai dit, dans ma lettre, qui est en tête de cette brochure, que je me propose de demander une audience particulière à M. le Président du Gouvernement et à ceux de MM. les Ministres que ma question intéresse plus particulièrement, et que je ferai également une demande à M. le Président de l'Assemblée nationale, pour être mis en rapport avec une Commission à laquelle viendraient s'adjoindre le plus grand nombre de membres s'occupant d'agriculture.

Je me plais à croire que si, à cette occasion, des questions m'étaient faites sur ma méthode d'améliorations agricoles, messieurs mes interlocuteurs auraient la conviction que les justifications que je demande à faire dans les départements s'y réaliseraient au grand avantage de notre agriculture, et je le répète encore à dessein en terminant cet article : — qu'une expérience acquise est nécessaire pour n'omettre aucune circonstance dans les études locales d'application.

Désirant faire ressortir toute l'importance de mes offres à ce sujet, je vais citer un fait, car rien n'est à opposer aux faits.

J'ai déclaré que mes prairies ne peuvent amener à tous les résultats que j'annonce — que si on les installe sur des terres profondes, riches et meubles. Pourtant, j'ai justifié, en 1859, année très-sèche, une récolte de 11,805 kilogrammes de foin par hectare, sans recourir aux irrigations et dans des conditions d'opération les plus contraires à celles que ma méthode exige (page 30).

Si j'ai pu obtenir de semblables résultats, c'est que mon expérience avait su appliquer d'avance les moyens pour garantir mes prés contre la sécheresse, qui a été tellement forte et générale cette année, que les fourrages ont été vendus à 50 et 60 francs le mille.

Or, quel est le but des études que je déclare indispensables? C'est d'apprendre, par les cultivateurs des lieux, quelles sont les difficultés qui peuvent se présenter dans les régions si différentes d'une application générale.

Je diffère à dessein la publication de ma deuxième brochure, jusqu'après ces études que j'offre de faire, afin de pouvoir indiquer par quels moyens les cultivateurs pourront assurer les deux premières coupes d'herbes contre les sécheresses sur les terres qui ne réuniront pas toutes les conditions d'améliorations que ma méthode exige.

EXPÉRIENCES ET COMMUNICATIONS UTILES

Je crois avoir déjà dit que mes assolements varient beaucoup. C'est ainsi que, de 1843 à 1858, j'ai exploité un corps de bien de 976 hectares par un de mes assolements, consistant à mettre en valeur de grandes terres peu fertiles, au moyen de pâturages sous bois, de prairies et autres cultures.

Cette terre, de la nature de celles de Sologne, était divisée en cinq corps de fermes et manœuvreries, affermées aux cultivateurs sortants, à raison de 6 et 7 francs l'hectare.

Après huit à dix années de travaux, j'avais créé environ 600 hectares de pins maritime et silvestre. Une partie notable des domaines et semis était déjà exploitée en pâturages sous bois et prairies. En faisant les éclaircies, je me proposais de ne conserver que les pins maritime et d'en convertir les terres successivement en vergers, qui, au lieu d'arbres fruitiers, eussent été composés de pins maritimes destinés à être résinés et exploités de manière à ce que, parvenus à l'âge de dix ans, leur espacement eût rendu un incendie à peu près impossible, ou tout au moins facile à circonscrire.

Je faisais alors du fromage de Gruyère de première qualité, un peu de Parmesan et du beurre avec de la crème de douze heures, que j'expédiais sur Paris, à raison de 4 francs le kilogramme.

J'avais cent vingt vaches et génisses, soit le quart du nombre que je comptais tenir dans les fermes, à partir de leur mise en valeur, dans l'intention de me livrer à l'élève sur une vaste échelle, à mesure de la création successive des pâturages sous bois et du croisement de mes vaches avec celles des races que l'expérience m'eût fait reconnaître comme me donnant les meilleurs résultats (1).

Durant l'organisation de ce mode d'exploitation, je fis la connaissance de M. Dubessey, préfet du département du Loiret. Convaincu, par mes résultats, que ce mode de faire valoir les terres de peu de valeur pouvait devenir utile pour l'exploitation des grandes terres de même nature, il en parla à M. Vicaire, administrateur des domaines et forêts de la couronne, de même que, nommé Conseiller d'État, il m'engagea à adresser un mémoire au Conseil d'État.

Des pièces d'une authenticité incontestable, et constatant ce commencement de mise en valeur, seront communiquées à M. le Président du Gouvernement, à MM. les Ministres et à la Commission de l'Assemblée nationale, pour justifier les résultats que j'avais obtenus. Elles feront connaître les motifs qui m'ont fait abandonner une exploitation qui offrait tant d'avenir. Par cette dernière communication, je tiens à éviter toute fausse interprétation.

Je fus mis en rapport, en 1857, avec M. Vicaire, au sujet de mon système de prairies naturelles. Il fut convenu, — attendu que c'est par les prés que je commence mes améliorations agricoles, — que, dès cette année, j'établirais un spécimen de prairie pour que l'Empereur pût en juger par lui-même.

Nous convînmes de plus que je justifierais ensuite, sur une plus grande étendue de terre, par un nouveau spécimen de pré, qu'un produit moyen certain de 10,000 kilogrammes de fourrage, plus deux mois de pâturage ou une troisième coupe, pouvaient être obtenus par hectare, même par l'année

(1) Cet assolement, avec les modifications que le climat et les lieux réclameraient, — peut porter à une haute fertilité les terres de la moindre valeur par la variété de ses produits, — le peu de bras qu'il nécessite et la possibilité d'opérer avec des ressources très-restreintes. — On pourrait remplacer les pins par les arbres fruitiers qui conviendraient le mieux, et, dans le midi de la France, y comprendre l'olivier et l'amandier. — Si une proposition venait à m'être faite, je me chargerais de trouver le fermier qui, sous ma direction, exploiterait cette terre.

la plus sèche, et sans qu'on ait besoin de recourir aux irrigations.

En conséquence, j'établis, en 1857, une première petite prairie. L'Empereur vint la visiter, et après l'avoir parcourue en tous sens avec moi, et reconnu que les produits étaient remarquables, Sa Majesté m'offrit d'acquérir le droit de vulgariser mon système dans l'intérêt de l'agriculture, et de m'indemniser sur sa cassette. Sur mes observations, et à ma demande, cette offre fut convertie en un concours effectif pour démontrer ma méthode d'amélioration entière.

Nous arrêtâmes, avec M. Vicaire, que les démonstrations de prairies, que j'allais commencer, seraient faites simultanément en Sologne et à Rambouillet, sans faire usage d'irrigations, et sur des sables secs de la dernière qualité, ainsi que sur des terres plus fortes, mais également de peu de valeur.

Ma méthode exigeant impérieusement de n'établir mes prairies que sur des terres fertiles et meubles pour mettre les plantes dans les meilleures conditions de végétation, j'ai tenu à prouver par cet engagement qu'il y avait néanmoins possibilité d'obtenir immédiatement, dans toute culture, de belles récoltes fourragères, par un choix de terre dans chaque exploitation, en attendant l'amélioration de celles destinées à être mises en prairies.

A cet effet, et afin que la démonstration ne permît aucune objection sur la nature des terres, j'ai offert de faire les démonstrations dans les conditions les plus défavorables, comparées à celles de ma pratique ordinaire, — voulant ainsi donner toute garantie aux cultivateurs et prouver qu'on pouvait considérer l'obtention de belles récoltes comme certaines, lorsque les cultivateurs établiront des prés sur des terres meubles, fertiles et profondes, ou se rapprochant, autant que possible, de celles des différentes natures, que ma méthode améliore avant de les convertir en prairies, et que, surtout après leur création, — ils en complètent la constitution en donnant aux prés tous les fumiers provenant de la consommation de leurs fourrages par des bestiaux de rente, jusqu'à ce que leur terre ait atteint le maximum de fertilité.

EXPÉRIMENTATIONS

Je fis mes semis en septembre et octobre 1858, *sur toutes terres et sables choisis parmi les plus inférieurs.* Faute de fumier, je me servis d'engrais de commerce, et je donnai la préférence à ceux dont le principal effet se produit ordinairement *la première année et s'épuise durant la seconde.*

Par ce choix d'engrais, je voulais être certain d'atteindre mon but à la première année, — c'est-à-dire d'obtenir des fourrages en suffisance, dès le début, pour m'assurer les moyens certains de constituer successivement l'état futur de haute fertilité de la terre, sauf même à lui venir en aide à la seconde année, si, vu le peu de fertilité des terres choisies à dessein parmi les plus mauvaises des domaines, le fumier provenant de la consommation des fourrages d'une année n'était pas encore suffisant.

Je prie mes lecteurs de se rappeler ces derniers détails, lorsque je m'expliquerai sur la suite des expériences que je vais rapporter.

Durant le temps que je préparais les terres pour les semis à faire, l'Empereur vint en Sologne, et ayant remarqué que j'avais choisi des sables secs et presque stériles, pour y créer des prairies sans recourir aux irrigations, me demanda de nouvelles explications, et, après y avoir satisfait, me témoigna tout l'intérêt qu'il portait à mes démonstrations et ajouta : « Si vos assertions sont couronnées de succès, je vous ferai accorder une récompense nationale. »

Voici quels furent les résultats obtenus :

EXTRAIT DES RAPPORTS FAITS A L'EMPEREUR

SOLOGNE (1859)

La coupe qui a rendu le moins a été faite le 5 juin.

Le sol de cette prairie est un sable blanc et graveleux .... 5,580 kilogr.

La prairie qui a rendu le plus a été fauchée le 13 juin. Le sol est un sable noir très-léger.......... 9,010 —

Moyenne de la première coupe : 7,290 kilogr. par hectare.

Les pesées ont été faites au moyen d'une bascule à voiture, qu'on avait établie sur place.

Je ne justifie que du produit de la première coupe ; les prairies ont été données, après cette coupe, à deux fermes qui manquaient de fourrages. Après cette remise, je quittai la Sologne.

J'ignore quel a été le rendement du restant de l'année, quoiqu'il soit possible d'en avoir une idée par celui des prairies que j'ai fauchées plusieurs fois à Rambouillet.

A Rambouillet, une prairie, dont on a constaté le rendement de l'arrière-saison, a donné 2,220 kilogr. (Voir page 31).

Ainsi, en admettant même que toutes les prairies ont été livrées au pâturage après la première coupe, elles ont dû fournir, en fourrage vert, dans le reste de l'année, un produit à peu près équivalent au rendement constaté à Rambouillet dans l'arrière-saison, toutes les prairies ayant reçu la même quantité d'engrais.

RAMBOUILLET (1859

En vue d'expérimentations diverses, j'ai divisé la prairie de la Vénerie, dont la terre est *assez forte et calcaire*, en deux parties égales. La première a été fauchée trois fois avant la sécheresse, la deuxième ne l'a été que deux fois; et leur rendement d'arrière-saison, au lieu d'être livré au pâturage, a été également fauché et constaté, afin d'avoir une idée du produit total.

PREMIÈRE PARTIE DE LA PRAIRIE DE LA VÉNERIE.

La nature de cette terre est assez forte et calcaire.

La coupe du 18 avril a donné....................	5,245 kilogr.
Celle du 7 juin..............................	3,957 —
Celle du 27 juillet (l'herbe séchait sur pied).......	2,026 —
	11,228 kilogr.

DEUXIÈME PARTIE DE LA MÊME PRAIRIE.

La coupe du 20 mai a donné..................	8,260 kilogr.
Celle du 25 juillet (que l'herbe séchait sur pied)...	3,545 —
	11,805 kilogr.

Je ferai observer que, malgré la grande sécheresse de cette année, j'ai obtenu mes meilleures récoltes et les plus hâtives sur ces terres. Elles confirment mes assertions, que c'est en rendant meuble assez profondément les terres contenant, dans des proportions convenables, de l'argile, du sable et du calcaire, et en les fertilisant suffisamment, qu'on obtient, quelle que soit l'année, des récoltes abondantes et certaines de fourrages, tout en assurant aussi, autant que possible, celle des autres cultures.

Le printemps ayant été favorable, j'ai pu faire mes coupes d'études, à différentes dates et à ma volonté, pour constater mes produits et donner des exemples, pour le choix à faire, du moment le plus avantageux pour effectuer les coupes du printemps, et avoir également une indication du temps nécessaire pour amener chaque coupe à bien.

D'ordinaire et par les années favorables, c'est ma deuxième coupe du printemps qui est la plus forte, j'en obtiens assez souvent 10,000 kilogr. Il n'en a pas été de même en 1859, et les coupes faites en juillet, sur les deux prairies expérimentales, n'ont produit non plus que 2,026 kilogr. l'une et 3,545 l'autre; et, néanmoins, malgré la sécheresse, ainsi que j'en fournis la preuve, mes seules coupes du printemps dépassent les 10,000 kilogr. que je devais justifier.

Les pluies n'étant survenues qu'en octobre, je n'ai pas livré ces prairies au pâturage, afin de constater l'importance de leurs produits par cette année de sécheresse. L'herbe n'a été fauchée qu'à partir du

20 décembre et a été fourragée en vert. Comme elle était très-tendre, nous avons admis qu'il eût fallu cinq kilogrammes d'herbe pour un de fourrage sec. C'est ainsi que nous avons constaté un produit équivalent à .... 2,220 kilogr.
de fourrage sec; ce qui porte le produit total de la prairie qui a été fauchée trois fois au printemps à... 13,448 —
et celui de la prairie qui n'a été fauchée que deux fois, ainsi que je le prescris.............................. 14,025 —

PRAIRIE DU CHAMP DE MANŒUVRES

(Pur sable blanc très-sec.)

La coupe du 20 mai a donné.................... 5,565 kilogr.
Celle du 25 juillet, alors que l'herbe séchait sur pied.. 2,110 —

7,675 kilogr.

Le produit de l'arrière-saison a été pâturé. On n'a pas pu le préserver contre les lapins.

On remarquera que, *fauchées aux mêmes dates, la prairie en terre forte a produit, avec la même composition d'herbe*, 11,805 kilog.

AUTRES PRAIRIES EN SABLE SEC MÉLANGÉ DE TERRE.

On a été obligé de les faucher avant que l'herbe soit en pleine fleur. La composition était en fourrage tardif. Après cette coupe, elles ont été livrées au pâturage, à cause du gibier.

La première a été fauchée le 11 juin et a produit... 6,115 kilogr.
L'autre a été fauchée le 14 juin et a donné........ 6,410 —(1)

J'avais promis à M. Vicaire de justifier, en 1860, autant que possible, un produit maximum, dans les conditions de mon expérimentation, si une année venait à m'être favorable.

Dans la même intention, je devais également déterminer, par un exemple, le temps à peu près nécessaire pour amener, sous le climat

(1) Les cours se sont élevés presque partout à 50 francs et plus le mille ou les 100 bottes de 5 kil. Preuve que la moyenne de la France qui, suivant les uns, est de 2,500 kilog., et de 3,000 kilog. d'après d'autres, n'a pas été obtenue, lorsque tout en souffrant également de la sécheresse, mes prairies sur sable sec ont néanmoins produit plus que le double.

de Paris, en saison convenable, la deuxième coupe du printemps au meilleur rendement.

Mais ayant appris qu'en Sologne, au lieu de suivre mes instructions, consistant à donner à mes prairies, les premières années, tout le fumier provenant de la consommation de leurs fourrages, les régisseurs des fermes qui les avaient reçus donnaient ces fumiers à leurs terres ; je dus, dès lors, dans l'intérêt de mes expériences antérieures, faire une troisième démonstration consistant à établir que les pluies d'automne 1859 avaient dû épuiser presqu'en totalité l'engrais donné aux prairies en automne 1858, et qu'à défaut de mes fumiers, les résultats de 1860 y seraient moindres et qu'on arriverait à perdre ces prairies faites dans des conditions si exceptionnelles (1).

Cette dernière justification m'obligea d'attendre jusqu'au 2 mai, pour donner mon engrais à la prairie sur laquelle j'allais faire ces démonstrations, afin qu'il fut prouvé par la végétation, à cette date, que l'engrais donné en automne 1858 s'est trouvé presque totalement épuisé par les fortes végétations de 1859. En effet, la prairie sur laquelle j'allais opérer n'avait encore au 2 mai que cinq centimètres d'herbe, lorsqu'au contraire elle avait déjà fourni en 1859, le 18 avril, une coupe de 5,245 kilogr., récolte qu'on aurait pu aussi faire en 1860, s'il n'avait pas fallu constater l'épuisement de l'engrais donné en 1858.

Je donnai l'engrais le 2 mai, et le 7 juin j'ai récolté de foin en fleur. (Deux bottes de ce fourrage ont figuré à l'exposition agricole de 1860.)	9,545 kilogr.
Le 26 août, l'herbe séchait sur pied, je fis une seconde coupe qui produisit......	7,855 —
Total......	17,400 kilogr.

Ainsi, il ressort de cette expérimentation :

1° Que les grandes productions de 1859 avaient, à peu de chose près, épuisé l'engrais donné en automne 1858, et que, faute de se conformer à mes prescriptions, on perdrait ces prairies ;

(1) J'ai fait un rapport à l'Empereur à ce sujet. Il est inséré dans un des Mémoires imprimés en 1861.

2° Que la coupe faite le 7 juin 1860 a pu être obtenue en trente-trois jours par un temps favorable (1);

3° Qu'il a fallu, au contraire, quatre-vingts jours pour la coupe faite le 26 août;

4° Que les récoltes de 1860 étant de 17,400 kil., plus le pâturage de l'arrière-saison, on peut se rendre compte en se rappelant qu'en 1859 on a fait, le 18 avril, une coupe de 5,245 kil. sur cette prairie; qu'il eût été parfaitement possible, en donnant l'engrais à temps voulu, de faire une coupe semblable avant le 2 mai; que, dès lors, on est obligé d'admettre que les récoltes constatées en 1860 ne sont pas la dernière expression des produits que je puis obtenir.

Je prie mes lecteurs de ne prendre ces observations autrement en considération que comme récoltes possibles et pouvant être obtenues par les années favorables. Je n'entends m'engager qu'à prouver une moyenne générale de 10,000 kil. et une de 15,000 kil. comme celle des cultivateurs intelligents

---

A l'appui des justifications qui précèdent, je communique les rapports de MM. Bourgeois et Pépin, membres de la Société centrale d'agriculture de Paris et de la Commission nommée par cette Société, pour suivre toutes mes expériences et visiter mes propriétés.

(1) Démonstration très-importante pour les années à printemps trop humide, ainsi que je l'expliquerai dans la deuxième partie de cette brochure, qui paraîtra du 20 au 25 août, et qui ne traite que de la prairie.

RAPPORT DE M. BOURGEOIS (1)

Au premier mot de la communication de M. Goetz, je compris tout son système, et j'en appréciai le mérite et la haute portée au point de vue des *progrès* les plus efficaces et les plus rapides de notre agriculture. N'ayant pas à ma disposition des terres de la nature de celles que me demandait M. Goetz, afin qu'il put, à proximité de Paris, se livrer à des expériences ostensibles pour la démonstration pratique de sa *méthode de création des prairies d'une production supérieure, même principalement sur les plus mauvais terrains*, je l'engageai à s'adresser à M. Vicaire, administrateur général des domaines de la Couronne, pour solliciter l'autorisation de faire ses expériences sur les terres de qualités très-variées du parc de Rambouillet, où elles pourraient, en cas de réalisation du succès extraordinaire qu'il annonçait, être mises sous les yeux de l'Empereur.

Le système de M. Goetz consiste, comme invention, dans la formation des prairies hautes d'une production considérable d'herbes des meilleures plantes fourragères, sans irrigation; et, néanmoins, de plusieurs coupes, au moyen d'une quantité très-forte d'engrais successivement employés au fur et à mesure que ces engrais peuvent être absorbés, de telle sorte que la première coupe se fauchant en fleur dans le courant du mois de mai, les autres coupes puissent se succéder avant l'assèchement de la terre conservée fraîche sous le couvert d'une végétation incessante. Et comme résultat essentiellement progressif

(1) M. Bourgeois est un ancien cultivateur qui a fait valoir pendant quarante ans et qui a expérimenté mon système de prairie sur ses terres avant de faire son rapport.

et d'un immense avenir, son système se résume par la réalisation d'une récolte de 2,000 bottes à l'hectare, nourrissant deux fortes bêtes à cornes, dont le fumier non-seulement fournira à l'entretien des récoltes également supérieures se succédant d'année en année, mais donnera encore un excédant d'engrais pour la création de nouvelles prairies et, par suite, pour d'autres cultures, en reportant une partie de ces moyens de fertilisation sur les terres avoisinantes.

M. Goetz n'opérant dans les premiers temps que sur les plus mauvais sols, afin de prouver, en quelque sorte *à fortiori*, l'excellence de sa méthode, je lui annonçai l'intention d'en faire aussi l'application sur mes terres cultivées, où une pareille amélioration rencontrerait moins d'obstacles, où le but, la plus haute production possible, serait plus aisément atteint; mais, depuis, M. Goetz a fait aussi des expériences sur des terres dans de meilleures conditions.

Comme membre de la Société centrale d'agriculture, au mois d'août 1857, j'ai visité, avec M. Pépin, mon honorable collègue, les prairies de la Jouane formées antérieurement par M. Goetz, et j'ai suivi toutes ses expériences dans le parc de Rambouillet, en même temps que, guidé par ses conseils, je m'occupais, pour mon compte, du rétablissement d'une ancienne prairie suivant sa méthode. Partout, le succès qu'il a annoncé s'est complétement justifié, et, en faisant la part du déficit généralement éprouvé dans les prairies par suite de l'extrême sécheresse qui a régné depuis plusieurs années, des récoltes extraordinaires ont été obtenues; tandis que tous les prés hauts ont été desséchés à blanc, les prairies de M. Goetz ont continué leur végétation au point de donner plusieurs coupes, et elles ont ensuite conservé leur verdeur; enfin, j'ai reconnu que la moyenne de 2,000 bottes peut être aisément atteinte, et les prés que j'ai refaits moi-même dans ce système m'ont donné des résultats analogues. Ainsi, sept hectares (qui n'avaient produit dans leur ancien état, en 1857, que 380 bottes à l'hectare) ont donné, après défrichement et un nouvel ensemencement fait au printemps 1858, seulement et tardivement :

1° Dès 1858 (fauché en septembre, 540 bottes), et,	
2° En 1859, en première coupe................	1,380 bottes
Et en seconde coupe...............	240 —
Soit par hectare.............	1,620 bottes

après quoi, l'extrême sécheresse de trois mois, sans la moindre intermittence de pluie, n'a plus laissé pousser qu'un pâturage.

Quant à la qualité de l'herbe, je puis affirmer que tous les animaux qui en ont mangé *préfèrent ce foin à tous les autres, et que les vaches appartenant à différents particuliers qui paissaient sur mes prés améliorés depuis quelques semaines, ne voulaient plus manger sur les autres prés du pays*, quand, après une grande pluie, j'avais interdit le pâturage sur ma prairie. Comment pourrait-il en être autrement, lorsque l'ensemencement n'a été fait qu'avec les meilleures plantes fourragéres ?

Le poids de chacune des coupes qui ont été faites dans les différentes parties du pré du parc de Rambouillet a été constaté : sur deux parties, la quantité de 2,000 bottes à l'hectare, fut dépassée; j'ajouterai que tous ceux qui ont vu ces prairies en ont été émerveillés; l'herbe était pleine, pure, égale et haute de près d'un mètre; chacun se plaisait à déclarer n'avoir jamais rien vu de pareil et d'aussi régulier.

Sans entrer dans l'examen des calculs que présente M. Goetz pour établir son prix de revient du foin, que la différence des localités, le plus ou moins d'exigence de la main-d'œuvre et d'autres circonstances peuvent modifier, et en supposant même que la moyenne doive en être assez fortement surélevée, je n'en considérerai pas moins cette culture de haute production comme *d'un grand intérêt*, pourvu que le résultat final soit incontestablement profitable.

Le propriétaire qui améliore son fonds peut se contenter

d'un avantage modéré, surtout s'il consacre des capitaux libres à ces améliorations; il faut donc proportionner l'importance de l'entreprise à l'état de ses ressources, car, comme le dit M. Goetz, il n'y a rien à négliger qui ne puisse compromettre le succès de l'opération, pour la préparation du terrain, pour l'ensemencement et surtout pour la fumure, qu'il convient d'employer à l'état liquide, afin d'en utiliser tous les éléments.

Du moment où il devient possible à M. Goetz, par des moyens praticables partout, d'établir et de constituer sur des terres de la moindre valeur et sur de mauvais sables des prairies d'une fertilité telle qu'elles produisent annuellement une quantité d'herbe suffisante pour nourrir un grand nombre de bestiaux donnant de notables excédants d'engrais, il est évident que plus on aura établi de prés de cette nature, plus ces engrais se multiplieront dans l'avenir; et qu'appliqués par la suite à la culture des céréales des fonds de terre les moins mauvais qui avoisinent les prairies nouvelles, on tirera ces fonds du néant en leur donnant un empaillement qui s'accroîtra ainsi avec le temps, aussi bien par l'emploi constant de la plus grande partie des récoltes obtenues que par l'alimentation d'un bétail de plus en plus nombreux.

Et que M. Goetz parvienne encore à assainir les pays humides et marécageux et à en extirper les fièvres endémiques au moyen d'un drainage peu dispendieux, ne revenant qu'à 50 francs l'hectare, dont l'eau, en même temps, serait utilisée en partie sur les prairies (pour moi, le problème est résolu) :

Les progrès agricoles les plus immenses, les plus vastes améliorations du sol ne sont plus impossibles; et il faut reconnaître que M. Goetz est l'inventeur du plus puissant des engrais, que j'appellerai l'*engrais reproducteur.*

Il reste à généraliser l'exécution de cette riche conception : M. Goetz est sur la voie; et il aura bien mérité du pays si, par sa persévérance, il parvient à fixer, sur des améliorations qui présentent d'aussi grands résultats et un aussi heureux avenir, les regards pénétrants de l'Empereur, à qui est peut-être réservé la gloire, après avoir fait de Paris la plus belle capitale du monde, la gloire non moins grande de substituer aux vastes landes désertes et insalubres qui couvrent encore une partie de la France (cette lèpre fiévreuse de notre beau pays), d'admirables et verdoyantes prairies nourrissant une grande quantité de bétail et pouvant donner asile à de nombreuses populations de robustes cultivateurs.

Espérons que des contrées, qui n'embrassent pas moins de 3,000 kilomètres carrés, compteront un jour pour quelque chose dans notre territoire, et qu'elles ne feront pas toujours exception pour fournir au pays leur contigent d'impôts et de soldats en rapport avec leur immense étendue.

BOURGEOIS.

Le Perrays, près Rambouillet.

RAPPORT DE M. PÉPIN

MEMBRE DE LA MÊME COMMISSION QUE LA SOCIÉTÉ IMPÉRIALE ET CENTRALE D'AGRICULTURE DE PARIS A CHARGÉ DE SUIVRE MES OPÉRATIONS (1)

MESSIEURS,

Je viens rendre compte à la Société de ma visite, faite les 29 et 30 mai, aux prairies que M. Goetz a établies sur un des domaines impériaux de la Sologne.

(1) M. Pépin est directeur des cultures du jardin des Plantes, dont la compétence est incontestable pour la connaissance des plantes et la pratique des travaux qu'elles nécessitent.

M. Goetz a déclaré que, par son système, on pouvait produire l'herbe des prairies naturelles de première qualité, sans irrigations, sur les terres de la moindre valeur, dans une proportion moyenne de 2,000 bottes par hectare, à un prix de revient bien inférieur à la moyenne des prix en France pour les 100 bottes de 5 kilog.

Cette assertion est l'expression la plus simple de la méthode d'améliorations agricoles qu'il produit et dont le but est de porter les terres qui y sont soumises au plus haut état de fertilité, sans que, en définitive, les moyens employés élèvent le prix de la terre. (Il fait usage, d'après son procédé, de tous les fourrages connus, autant, toutefois, que le prix de revient et la quantité produite lui donnent des résultats égaux à sa production d'herbe.)

Avec 2,000 bottes, plus un pâturage d'automne, il nourrit deux fortes bêtes à cornes par hectare, dont le fumier non-seulement suffit aux exigences des récoltes, mais fertilise encore le sol lui-même, et porte les terres les plus arides aux dernières limites de production, en leur attribuant ces fumiers jusqu'à saturation.

Dès lors, dans un délai variable, un excédant de fumier devient libre pour l'amélioration des autres cultures, tandis que, *jusqu'aujourd'hui, on n'a pu fumer les prairies qu'en prélevant l'engrais sur celui destiné aux autres cultures.* Mais la méthode de M. Goetz exige impérieusement que les fourrages, non consommés en vert au printemps, soient fauchés avant juin, pour être fanés, afin d'obtenir trois coupes.

Voici les faits que j'ai remarqués :

1° Une prairie d'environ 3 hectares, située le long du chemin de ronde, dans la propriété de La Grillaire, composée d'un sable noir très-léger et dans les plus mauvaises conditions de production. En avril 1858, lorsque l'Empereur s'y est arrêté, ce sable était couvert d'une mousse rougeâtre, de lichens et d'oseille sauvage (*Rumex acetosella*). Il y a lieu de douter qu'on eût pu trouver un locataire pour faire valoir un pareil terrain. Aujourd'hui c'est une magnifique prairie, couverte d'herbe de première qualité et tellement abondante, qu'un are suffit à l'alimentation de quatre bœufs par jour (13 ares 42 centiares les ont nourris pendant quatorze jours);

2° Une pièce contiguë, de 12 hectares, offrait également une belle végétation.

Huit de ces hectares ont été ensemencés ce printemps-ci (1859). M. Goetz espère démontrer le remboursement des frais de constitution en deux années sur la partie de cette prairie qui lui offre du sable, dans de bonnes conditions moyennes de la Sologne (environ 2 à 3 hectares);

3° Un hectare, dit de La Fontaine, prairie créée sur un pur sable blanc des plus arides, que l'on peut considérer comme l'égal de la prairie n° 1. Cette terre, de la dernière qualité, présente, aujourd'hui, sur deux natures de sables différents, une prairie couverte d'une superbe végétation.

En résumé, l'ensemble de ces prairies offre une composition d'herbe de première qualité. Nos meilleures prairies du pays n'offrent pas cette uniformité de plantes de choix, et l'herbe des prairies irrigables, où souvent on sacrifie la qualité à la quantité, en diffère plus encore. Le produit en sera pesé sur place, au moyen d'une bascule établie sur la prairie même.

Mais, dès à présent, je puis déclarer que j'ai la conviction que la preuve des faits sera rapportée. A cette occasion, je dois faire connaître que, l'année dernière, j'ai visité les prairies de M. Goetz, en Alsace, lesquelles ont été faites, il y a dix ans, suivant sa méthode. Le maire de Fürdenheim, l'un des fermiers, m'a déclaré payer 175 francs l'hectare et avoir obtenu jusqu'à 1,600 bottes de 5 kilog. dans une seule coupe. Les terres de même nature ne sont louées que 50 francs l'hectare.

Je crois devoir ajouter, enfin, que j'ai étudié avec un vif intérêt le moyen de drainage de M. Goetz. Il ne se sert pas toujours de drains, dans certains cas, il enlève la nappe d'eau souterraine au moyen d'un ou deux fossés couverts, et, autant que possible, il utilise cette eau, l'été, sur ses prairies. Sa dépense n'atteindra pas le chiffre de 50 francs l'hectare. Personne n'ignore que le drainage, appliqué d'une manière régulière, coûte de 200 à 350 francs l'hectare.

J'ai promis à M. Goetz que la Commission retournerait à La Grillaire pour y suivre sa démonstration, car j'ai quitté ces lieux avec la persuasion que le résultat des démonstrations ordonnées par l'Empereur justifiera le haut intérêt que Sa Majesté a bien voulu y porter.

Je complète ces détails, en ajoutant que, devant quitter l'Alsace, j'ai converti successivement toutes mes terres en prairies. Je les ai affermées par baux authentiques à des cultivateurs de Vasselonne (distance 18 kil.), Marlenheim (distance 22 kil.), Dahlenheim (distance 24 kil.), Fürdenheim (distance 28 kil.), Ittenheim (distance 30 kil.).

Ces cultivateurs sont venus de ces lieux éloignés les affermer en raison de leur rendement et de la bonté des fourrages.

Les terres que j'ai converties en prairies eussent été affermées de 30 à 50 francs l'hectare, taux auxquels ont été affermées, en 1836 et 1838, les terres contiguës de même provenance.

Les baux constatent une moyenne de 150 francs l'hectare.

EXPLICATIONS DEVENUES NÉCESSAIRES

Mes communications, page 26 et suivantes, de cette brochure, ayant fait connaître l'intérêt que l'Empereur portait à mes expériences, je ne puis me dispenser de dire ce qu'il en advint.

(Je rappelle ce passé, afin qu'on ne se méprenne pas sur les causes qui m'ont obligé de différer la publication de ma méthode, je devais en faire les études d'application avec le concours del'Empereur. Je demande aujourd'hui à les faire en même temps que j'installerai une ferme démonstrative par département.)

Je communique d'abord l'extrait suivant, à partir de la page 81 à 85, du manuscrit remis à l'Empereur en novembre 1869.

« Après avoir satisfait si complétement à mes démonstrations de la prairie-mère, je devais songer à m'adresser à Sa Majesté, pour en recueillir le fruit.

« Mais ayant voué ma vie entière à l'étude d'un système complet d'amélioration agricole, d'accord avec M. Vicaire, administrateur des domaines de la couronne, je voulus faire profiter le pays de tous les avantages du système.

« Il fut convenu que je solliciterais une audience de l'Empereur et que l'administration me la ferait accorder.

« Je demandai cette audience le 13 décembre 1859, et, le 17, je reçus avis qu'elle m'était accordée pour le 2 janvier 1860. »

Nota. — Je donne la copie de ma communication à l'administration des résultats de cette audience. Elle avait pour but de régulariser ma position, en mettant l'administration à même de se renseigner.

« Monsieur l'Administrateur général,

« Hier, 2 janvier, à la sortie de l'audience de Sa Majesté l'Empereur, que Son Excellence le Ministre d'État a bien voulu me faire accorder, je me suis rendu immédiatement au ministère pour communiquer à Son Excellence la décision que je venais d'obtenir.

« M. de Soubeyran, auquel je me suis adressé, m'a invité à me rendre auprès de vous; j'ai, en conséquence, l'honneur de vous exposer :

« Que, dès le 16 décembre, M. le duc de Bassano m'a fait savoir que ma demande d'audience motivée était entre les mains de l'Empereur.

« Dans cette demande, je disais :

« Sire,

« J'ai satisfait à l'engagement que j'ai pris envers Votre Majesté de démontrer qu'il « est possible d'établir des prairies de première qualité et de la plus haute production, « sur toutes les terres susceptibles de culture et sans qu'il soit besoin de recourir aux « irrigations.

« Là, Sire, est la base de mon système d'amélioration agricole.

« J'ai démontré plus, car j'ai obtenu ces résultats sur des terres arides, et par une « année de sécheresse exceptionnelle. Mais si de ces expériences il résulte, pour un « homme pratique, que, dans ce système, la consommation des fourrages sur place, « produit (outre des bénéfices plus qu'ordinaires et l'engrais nécessaire à l'entretien de « la fertilité des prairies) un excédant suffisant, à contenance égale de terre et de pré « pour les exigences de notre agriculture, il importe que ce fait soit prouvé matérielle- « ment et de la façon la plus complète, pour porter la conviction dans l'esprit des « cultivateurs, leur servir de guide et prévenir les erreurs, les insuccès partiels qui « nuiraient à son adoption définitive.

« J'ai l'honneur de demander à Votre Majesté de vouloir bien ordonner qu'une appli- « cation de ma méthode soit faite par moi, sur quelques centaines d'hectares dont « une partie à l'état de lande, et l'autre à l'état de produit moyen des terres arables « en France.

« Pour donner à ces démonstrations un caractère d'utilité incontestable, un crédit, « comprenant un fonds de roulement, me serait ouvert pour faire face à la mise en « état des prairies, à l'achat du matériel, à celui des bestiaux et aux constructions.

« Je desservirai les intérêts à 5 % et je justifierai de l'emploi du capital, comme le fait tout fermier qui reçoit des avances à ces conditions.

« Alors que je faisais ressortir l'urgence de la démonstration dont il s'agissait, Sa « Majesté voulut bien me dire, en m'interrompant, qu'elle accordait ce que je deman- « dais. Si je rappelle cette circonstance, c'est qu'il en résulte que Sa Majesté se trouvait « suffisamment renseignée par les explications contenues dans ma demande motivée « d'audience.

« J'aurais désiré que l'Empereur connût de suite le chiffre du crédit et les moyens « de propagation; je voulus insister sur les détails en exposant qu'il était opportun « que je fusse mis à même d'opérer de suite; mais Sa Majesté ayant renouvelé son « affirmation précédente, je dus me borner à la remise des pièces. »

« Permettez-moi, Monsieur l'Administrateur général, de vous faire observer que, sous peu, les travaux de préparation des terres doivent commencer. Dans certaines localités, ils le sont déjà. Il importe que, sans aucun retard, je puisse faire les démarches nécessaires pour louer les terres sur lesquelles je devrai opérer.

« En regard de cette nécessité d'agir, j'ai l'honneur de vous prier de soumettre ma demande à Son Excellence le Ministre d'État, pour qu'il veuille bien en référer à Sa Majesté et recevoir de sa bouche la confirmation de mon exposé.

« A ce sujet, je me permettrai d'ajouter, en ma qualité de fermier débiteur, que le capital de constitution de prairies sera remboursé dans le cours des baux, et que fai- sant immédiatement prix pour l'acquisition des terrains, à ma volonté, dans le cours des baux, la garantie des autres capitaux consistera, outre le matériel, dans l'augmen- tation de valeur des terres et dans la teneur du bail, les dépenses devant rester sou- mises au contrôle de M. l'Administrateur général des domaines.

« Agréez, Monsieur l'Administrateur général, l'expression de mon respect et de mes sentiments dévoués.

« L. Goetz.

« Paris, 3 janvier 1860. »

Malheureusement, peu après cette audience, M. Vicaire quitta l'Administration des domaines et forêts de la couronne. Il fut nommé directeur général des eaux et forêts.

Une autre administration survint. Malgré toute la bienveillance et l'intérêt que me témoignait M. le maréchal Vaillant, ainsi que le constatent les lettres qu'il me fit l'honneur de me répondre lui-même, — sa bonne foi fut surprise.

Le chef de la division des cultures, imbu d'idées agricoles particulières, suivit, depuis le départ de M. Vicaire, une marche diamétralement opposée à celle que ce regrettable fonctionnaire avait étudiée pendant trois années que durèrent mes expériences, et il obtint, — en vue d'un intérêt dissimulé, dont j'offre les preuves par les pièces administratives mêmes, — une décision dont je donne les motifs :

« Les charges toujours croissantes de la liste civile ne
« permettent pas, en ce moment, de disposer en votre faveur
« d'un capital de quelque importance, etc., etc. »

Malgré mes réclamations et propositions dont je justifie, ce fonctionnaire parvint à faire maintenir cette décision. La raison est qu'administrativement elles revenaient toutes à la division dont il était le chef; c'est ainsi que les décisions de l'Empereur purent être annihilées d'une manière adroite, mais peu morale.

Dix années ont été perdues. Le mal est fait. Ma brochure indique les moyens de le réparer et j'ai la conviction que j'y arriverai.

Je regrette d'avoir été obligé de faire ces déclarations, mais je n'ai pu dire moins pour éclairer le Gouvernement et être admis à prouver plus — par les pièces que j'aurai l'honneur de lui soumettre.

AVIS AUX PROPRIÉTAIRES AU SUJET DES BAUX

(Question d'une haute importance)

J'ai expliqué comment ma méthode peut, par ses nombreux fourrages et ses récoltes abondantes, modifier les conditions défavorables de la presque généralité des cultures, mais je dois ajouter que les baux à courte durée sont un obstacle qu'elle ne peut surmonter qu'en éclairant les propriétaires sur leurs inconvénients.

On prétend généralement que l'agriculture fait peu de progrès, parce que, dit-on, les cultivateurs tiennent peu compte des traités et des écrits sur l'agriculture. Cela est une grande faute que je laisse à leur appréciation.

Mais les cultivateurs disent avec raison : — « Nos baux n'ont pas assez de durée. Si nous améliorons le sol, nous sommes certains qu'au renouvellement du bail on augmentera le fermage. Or, comme nous ne pouvons améliorer le sol sans sacrifices, que, de plus, nous avons une insuffisance de fourrages, à prix de revient assez réduits, pour nous permettre de tenir un bétail en rapport avec nos besoins d'engrais, et que, faute de fumiers en suffisance, nous ne pouvons obtenir de la terre ce qu'elle pourrait rendre ; nous subissons les conséquences de cette double situation. Voilà pourquoi les prix de nos produits sont élevés. »

Jusqu'à présent, peu de propriétaires ont tenu compte de ce raisonnement fort simple, parce qu'ils obtiennent néanmoins des augmentations de fermages au renouvellement des baux. Ils ne se rendent pas compte que ces fermages ne sont pas la conséquence de l'amélioration de leurs terres. Ils ne les doivent, pour la plupart, qu'à la concurrence insensée que les fermiers se font entr'eux, mais forcément cette concurrence aura une fin, et cette fin ce seront les difficultés et les procès des propriétaires, avec les fermiers qui se ruinant ne pourront plus payer.

Ma méthode change totalement cette situation, et permet aux propriétaires d'accroître successivement leurs fermages en donnant des baux à longue durée avec fermage croissant.

Le fermier ayant le fourrage en abondance, ainsi que ma brochure l'explique, pourra tenir un bétail en rapport avec ses besoins, et il pourra, par les autres moyens de ma méthode, concurremment avec ses nombreux fumiers, porter les terres à leur maximum de produit; et obtenant, dans ces conditions, ses récoltes à des prix de revient très-réduits, il pourra satisfaire aux besoins de la consommation du pays, rétribuer convenablement ses ouvriers et concourir au bien-être général, tout en enrichissant le propriétaire par l'augmentation réelle de valeur de ses terres; en place de leur état actuel qui se produira de plus en plus par une gêne générale, puisque déjà l'agriculture réclame des droits protecteurs et que les produits de la terre tendent plutôt à la hausse qu'à la baisse.

Si un propriétaire s'adresse à moi et offre une terre de basse valeur dans des conditions de prix qui permettent de doubler le fermage par un bail croissant, afin d'obtenir un second bail assez long pour porter cette terre à la plus haute production, — mais sans augmentation de prix, je me charge de trouver ce fermier et de prouver que, par des améliorations à des degrés divers, suivant l'état des terres, — la fortune territoriale actuelle sera plus que doublée en moyenne.

En terminant cet article, je crois rendre un service réel à l'agriculture, en invitant les propriétaires à faire la légère dépense de ma brochure, et à l'offrir à titre d'enseignements utiles à leurs fermiers.

Dans une audience, que je solliciterai de M. le Président du Gouvernement, je me propose d'attirer son attention sur mes baux, en ce qu'ils constituent aussi une question sociale.

Par les conditions que les baux imposent, je réunis dans un intérêt commun ceux des propriétaires, des fermiers et de dix familles d'ouvriers par cent hectares.

En intéressant ces familles à la prospérité de l'exploitation, ainsi que chaque bail en fera connaître les moyens, le fermier ne manquera jamais d'ouvriers, et le pays y trouvera des citoyens dévoués à l'ordre et d'une bonne moralité.

TABLE

Paris. — Imp. Renou et Maulde, rue de Rivoli, 144. 11068

COMMUNICATION DE M. CHEVREUL

Membre de l'Institut, président de la Société centrale d'agriculture de France

A L'ACADÉMIE DES SCIENCES

INSÉRÉE AU JOURNAL DES SAVANTS
(Novembre 1870).

Opuscule agronomique de M. Goetz.

1° *Question alimentaire*, 1857.

2° *Question alimentaire*. Résumé du résultat des expériences faites par M. Goetz pour démontrer la valeur de sa méthode d'amélioration agricole, dont le but est d'amener les produits du sol au prix de revient le plus réduit possible ; 1861.

3° *Méthode d'amélioration agricole de M. Goetz* ; détails essentiels pour l'apprécier. Se vend chez M. Jacquenet, à Belleville, rue Vincent, 11 ; 15 août 1862.

4° *Rapport sur la Ferme expérimentale de They*, 1864.

5° *Procédés de culture* basés sur des expériences faites en grand et amenant une amélioration radicale dans le mode d'exploitation des prairies naturelles, des terres de toute nature, des terres plantées en vignes, et dans la production des fumiers ; par M. Goetz, agriculteur, 1870.

M. Goetz, cultivateur aussi sérieux qu'habile, a imaginé un mode d'exploitation agricole dont la base est la prairie; et ce mode mis en pratique, et le produit apprécié par des juges compétents, nous a paru assez utile pour en faire l'objet d'un article du *Journal des Savants*.

Disons avant tout ce qu'est M. Goetz. Fils et petit-fils d'agriculteurs, il étudia la science vétérinaire à l'école d'Alfort, en même temps que M. Yvart, ancien inspecteur d'agriculture, le neveu de professeur auquel on doit un excellent livre sur les prairies.

Reçu vétérinaire en 1818, il continua ses études durant onze mois (de 1818 à 1819) à l'institut agricole de Hoheinheim, près du

Stuttgard, et de là il passa en Suisse pour se mettre au courant d'une agriculture renommée, surtout lorsqu'il s'agit de l'élevage de l'espère bovine et de toutes les préparations du lait, y compris la confection des fromages.

De retour dans son pays natal, à Saverne, il y fut maître de la poste aux chevaux depuis 1820 jusqu'en 1845, et s'y livra en même temps à la culture de 60 hectares dont il était propriétaire, et de 90 qu'il tenait à loyer. En 1845, son goût pour l'agriculture, qui, loin de s'affaiblir, s'était accru avec le temps, lui fit prendre la résolution de quitter la poste pour se livrer exclusivement à la culture.

Les études sérieuses de M. Goetz à l'école d'Alfort, en Allemagne et en Suisse, sa profession de maître de poste, le conduisirent naturellement à un système de culture que je vais faire connaître, dont le point de départ est la *prairie*.

Je dois dire comment j'ai été conduit à rendre compte des travaux pratiques d'un agriculteur qui, malgré ses travaux, ne prétend pas au titre de savant, mais à qui la science ne peut refuser le titre d'*agronome* et d'*agronome très-instruit*.

C'est qu'à la Société d'agriculture centrale de France j'ai été témoin, depuis plus de dix ans, de l'intérêt qu'on attache aux travaux agricoles de M. Goetz, lors même qu'on ne partage pas toutes ses opinions; mais, à mon sens, deux autorités irrécusables, M. Pépin, jardinier en chef du Muséum, et M. Bourgeois, tous les deux commissaires de la Société pour juger ses cultures, les ont appréciées sur les lieux mêmes de la manière la plus favorable; et, ce qui aurait dissipé mes incertitudes si j'en avais eu encore, c'est que M. Bourgeois lui-même a établi une prairie conforme au système de M. Goetz sur une des terres qu'il possède à Rambouillet, et plus loin l'on verra comment il l'a jugé.

Or, tous ceux qui fréquentent les séances de la Société d'agriculture centrale de France, ou qui connaissent la culture des environs de Paris, savent que M. Bourgeois fait autorité en agriculture, parce que, praticien habile, observateur, et jamais homme d'imagination, son jugement repose toujours sur ce qu'il voit et sur ce qu'il touche.

Certes, si mon opinion sur la culture de M. Goetz n'était pas conforme à celle des deux autorités que je viens de citer, jamais la pensée ne me serait venue de rendre compte d'un système de culture dont l'inventeur, modeste à l'égard de la science, dit n'avoir été guidé que par l'observation des faits agricoles, pour accomplir une œuvre qui est celle d'une vie tout entière de labeur!

M. Goetz, que je n'avais pas l'honneur de connaître personnellement avant qu'il voulût bien avoir mon avis sur ses travaux, m'ayant exposé toutes ses vues, développé son système avec toutes ses pratiques, puis ayant répondu à des questions multipliées de manière à me satisfaire pleinement sur son savoir agricole et à me prévenir en sa faveur d'une manière parfaite, soit en ajournant ses réponses parce qu'il n'était pas sûr de sa mémoire, soit en avouant qu'il ne s'était pas occupé du sujet sur lequel je voulais avoir son opinion, soit enfin en me répondant à des questions sans hésitation, de la manière la plus claire comme la plus précise et la plus détaillée, j'ai pu juger de la valeur de l'agronome et ce que le public pouvait gagner à la connaissance de ses travaux.

J'ajouterai sans détour que je fus heureux de rencontrer dans la pratique de M. Goetz la confirmation d'un assez grand nombre de *faits* que je considère comme des preuves expérimentales de propositions qui, à mes yeux, sont de véritables *principes*. Certes, mes derniers articles sur *le Livre de l'Agriculture d'Ibn-al-Awam* verront plus d'une observation, plus d'un fait, dans les cultures de M. Goetz, venir s'y rattacher en les confirmant heureusement par la pratique la plus éclairée.

Une autre considération, qui ne peut paraître indifférente à personne, est venue fortifier la précédente : c'est la position où se trouvera la France après une guerre désastreuse sans précédent depuis qu'il existe des nations qui se disent civilisées ! Évidemment jamais l'agriculture française n'aura eu plus de ruines à réparer, plus de travaux à exécuter, avant de satisfaire aux besoins d'une nation dont plusieurs de ses provinces les mieux cultivées ont subi une dévastation que personne ne pouvait imaginer avant qu'elle fût accomplie.

Dans les tristes circonstances où nous nous trouvons, je ne doute pas du service que le système de culture de M. Goetz peut rendre à toutes les personnes qui seront en position de le mettre en pratique, car nous verrons comment, dès la première année de la prairie, M. Goetz peut se livrer à l'élevage du gros bétail, et comment il arrive bientôt à cultiver le froment avec une dépense moindre que celle qu'il exige aujourd'hui.

Création de la prairie naturelle avec l'aide du capital.

1er *principe.* — La prairie à graminées d'espèces vivaces, donnant l'herbe et le foin des prairies naturelles, est préférable à toute autre.

2me *principe.* — Pour un sol donné, y compris la terre, les eaux et l'humidité souterraine et le climat, dans le choix des graminées, il faut avoir égard aux espèces les plus convenables à ce sol donné, et qui, en outre, fleurissent à la même époque.

Remarque. — Selon M. Goetz, l'époque de la floraison est celle où la plante présente le plus de qualités nutritives.

Enfin, dans un sol donné, M. Goetz se livre à des expériences comparatives pour juger des plantes dont la culture présente le plus d'avantage. On reconnaît en cela l'excellent esprit de l'agronome.

M. Goetz distingue deux prairies : la *prairie mère* et la *prairie de la méthode.*

La *prairie mère* nécessite une dépense de formation.

La *prairie de la méthode* est formée après qu'un terrain a été amélioré par des cultures successives, et on l'ensemence avec des graines que l'on recueille dans la *prairie mère.*

§ 1. — PRAIRIE MÈRE

Voici les plantes parmi lesquelles on choisit celles qui doivent former la *prairie mère* :

1. Ray-grass anglais (*lolium perenne*).
2. Crételle.
3. Fétuque des prés.
4. Fétuque élevée.
5. Flouve odorante.
6. Vulpin des prés.
7. Fléole des prés.
8. Dactyle pelotonné.
9. Avoine élevée. Fromental.
10. Agrostis vulgaire.
11. Paturin des prés ou com.
12. Paturin des bois.
13. Houlque laineuse.
14. Brome des prés.
15. Fétuque rouge.

M. Goetz conseillerait d'ajouter aux espèces que nous venons de citer les espèces suivantes, dans le cas où l'on voudrait des fourrages propres surtout à être consommés en vert :

16. Brome à longues feuilles.
17. Brome velouté.
18. L'orge bulbeuse.
19. Plusieurs Elymus.
20. Phleum alpinum.

La prairie de M. Goetz ne renferme d'ordinaire guère plus de deux ou trois espèces de plantes.

La *prairie mère* produit, par hectare, la première année, et *sans que l'irrigation soit nécessaire, même dans les années les plus sèches*, 10,000 kilogrammes de foin ou son équivalent en herbes, et enfin la prairie permet deux mois de pâturage.

Cette production annuelle de fourrage par hectare suffit à la nourriture de deux têtes de gros bétail, bœufs ou vaches, du poids vif moyen de 450 kilogrammes.

Le fumier des deux animaux est donné tout entier à la prairie, jusqu'à l'époque où elle produit le rendement le plus élevé. Pour atteindre ce maximum, il faut de deux à six ans, d'après l'état de fertilité où se trouvait le sol lors de la formation de la prairie.

Une fois le maximum de rendement atteint, la moitié du fumier, c'est-à-dire le produit d'une seule tête bovine, suffit pour entretenir la *prairie mère;* dès lors, le fumier de la seconde tête est disponible en entier, soit pour établir de nouvelles prairies, soit pour la culture des céréales, ou enfin pour des cultures quelconques.

Il va sans dire que les deux premières années, M. Goetz est obligé à des *frais d'installation*; il évalue le maximum de la dépense en fumier de 300 à 800 francs par hectare, suivant l'état de la terre, et l'achat des graines pour l'ensemencement de 75 à 100 francs.

La terre doit être labourée, si cela est possible, à 0m40 de profondeur, afin d'avoir un sol où les racines des herbes puissent s'enfoncer aisément le plus possible; il obtient ce résultat au moyen de deux charrues qui se suivent.

La première a un versoir; elle donne au sol une profondeur de 12 et 20 centimètres, selon les besoins; elle exige deux bœufs ou deux chevaux.

La seconde, dite *sous-sol*, n'a pas de versoir; elle a un *soc* particulier et trois *coutres* disposés de façon à déplacer les obstacles et à partager le sol de la raie en trois lanières que le soc soulève aisément. Un seul cheval suffit pour l'usage, parce qu'elle ne soulève et n'approfondit le sol que successivement. Du reste, en cela, elle agit comme la première.

M. Goetz, avec raison, considère que les meilleures terres pour les prairies, toutes choses égales d'ailleurs, sont celles qui ont une nappe d'eau à 50 centimètres au moins de profondeur au-dessous de la surface arable; mais il peut arriver, dans un terrain en pente, que des flaques d'eau se forment à sa surface et apportent ainsi un obstacle à la culture. Comment M. Goetz remédie-t-il à cet inconvénient? Par un procédé de drainage aussi ingénieux qu'économique. Il établit un drain central dans le sens de la pente de la pièce de terre, à une profondeur de 60 centimètres, de manière que l'eau puisse s'écouler de la partie supérieure à la partie inférieure. Puis, des deux côtés du drain, il part de chaque flaque d'eau pour en atteindre la source en amont, et quand il reconnaît que la source est à 50 centimètres de la surface du sol, il creuse une rigole pour y placer un drain qui déverse l'eau obliquement dans le drain central. Il emploie des tuyaux de terre lorsque le terrain ne renferme pas de pierre; dans le cas contraire, les pierres mêmes, placées convenablement au fond des rigoles, tiennent lieu de tuyaux.

Quant à l'eau sortant du drain central, elle est évacuée au dehors; mais il y a des circonstances où elle peut servir avantageusement à l'irrigation des terres situées en aval du drain.

M. Goetz, en parlant de la profondeur des labours, ne considère pas 40 centimètres comme un maximum, convaincu avec raison des avantages des sols profonds, surtout lorsqu'il s'agit d'assolement où l'on veut cultiver des plantes à racines pivotantes, qui s'enfoncent profondément lorsque le sol le permet. M. Goetz, en usant de ces deux charrues, dirige le labourage de manière que la seconde charrue dépasse la profondeur de 40 centimètres, non-seulement lorsqu'il s'agit de luzerne, de betteraves, de navets, mais encore de seigle. Le sous-sol est remué, soulevé, et la terre qui se trouve au-dessous, étant elle-même atteinte, perd de sa compacité et devient perméable aux agents atmosphériques. M. Goetz pense qu'en agissant ainsi les racines, en pénétrant dans ce sol ameubli, contribueront non-seulement à le diviser encore, mais que, plus tard, elles le fertiliseront, parce que les plantes auxquelles elles appartiennent ayant été récoltées, le sol sera labouré de nouveau afin de le préparer à de nouvelles cultures, et qu'alors les débris des racines pivotantes ou généralement celles dont les parties inférieures sont restées enterrées, venant à se décomposer en *humus*, donneront à la terre une fertilité incontestable pour les cultures suivantes. Partageant l'opinion de M. Goetz sur l'avantage des labours profonds, je reprendrai ce sujet après avoir exposé les idées de l'auteur, afin d'ajouter quelques considérations nouvelles en faveur de cette pratique.

C'est au mois de septembre que M. Goetz ensemence la prairie dont le sol a été préparé comme nous venons de le dire.

§ II. — PRAIRIE DE LA MÉTHODE.

J'ai parlé de la *prairie mère* et des labours relatifs aux *assolements* et particulièrement à ceux qui exigent le maximum de profondeur. Je dois m'occuper maintenant de la *prairie de la méthode*, dont l'établissement n'est possible qu'après que le rendement de la *prairie mère* est parvenu au maximum. Les deux prairies diffèrent-elles essentiellement l'une de l'autre? Elles sont les mêmes, la différence ne porte que sur la manière dont elles ont été établies; la *prairie mère* a exigé des *frais d'installation*, achat au dehors de fumiers et de graines. La *prairie de la méthode* n'en demande pas. Le fumier provient de la tête de bétail devenue libre lorsque la *prairie mère* a atteint le maximum de rendement, et les graines proviennent d'une étendue convenable de cette même prairie de plantes qu'on n'a fauchées qu'après la floraison afin d'en recueillir les graines; enfin elle succède à des assolements qui ont préparé la terre d'une manière favorable au développement des espèces de céréales vivaces qu'on y sèmera.

§ III. — ENTRETIEN DES DEUX PRAIRIES.

Nous avons vu que, tant que le rendement des deux prairies

n'est pas au maximum, chacune exige le fumier de deux têtes de bétail, et que, le terme atteint, le fumier d'une seule tête suffit pour l'entretien annuel d'un hectare.

M. Goetz emploie ce fumier sous trois formes distinctes, à savoir :

A l'état de *fumier proprement dit* ;

A l'état de *purin* ;

A l'état de *compost*.

A. — A l'état de *fumier proprement dit* : lorsque le froid a suspendu la végétation, il le répand sur le sol, et alors le fumier peut agir comme amendement en diminuant la rigueur du froid, et, lorsqu'il reçoit les eaux atmosphériques, celles-ci entraînent dans le sol ses parties solubles, et préparent ainsi un véritable aliment pour l'herbe à l'époque où la végétation se réveillera sous l'influence de la chaleur printanière.

B. — Le fumier est employé à l'*état de purin* après une coupe de la prairie. C'est donc une véritable irrigation, qui donne à la plante ce dont elle a besoin pour la préparer à donner une nouvelle coupe.

C. — Le *fumier employé à l'état de compost* est mêlé d'abord à une terre choisie, et le mélange est séché de manière à devenir pulvérulent, car c'est sous cette forme que le cultivateur le répand sur la prairie ; M. Goetz y ajoute, suivant les cas, des cendres, du sel, etc.

On voit combien la manière dont M. Goetz procède en agriculture est éloignée de celle de ces praticiens qui ne connaissent que l'absolu. Ainsi l'observation, et ajoutons l'expérience qui la contrôle, dans un essai en petit avant l'exécution de la pratique en grand, dirige toujours M. Goetz. C'est la saison, c'est l'état de la végétation, c'est la nature du sol, qui le dirigent dans l'emploi du fumier, dans le choix de la terre qu'il y associe pour former ses composts, et encore dans les engrais minéraux qu'il trouve utile d'y ajouter.

M. Goetz assure un rendement de 10,000 kilogrammes de foin à l'hectare ou l'équivalent en fourrage vert, ou deux coupes avant le mois d'août, avec deux mois de pâturage, pour deux têtes de l'espèce bovine. Mais ce rendement peut être considéré comme *moyen*, et même un minimum ; car il a récolté assez souvent 20,000 kilogrammes, et il en récolte souvent 15,000.

Culture de la vigne.

Mais, avant de citer les jugements de M. Pépin et de M. Bourgeois sur le système de culture de M. Goetz, je mentionnerai la manière dont il substitue aux engrais employés pour la vigne un *engrais vert*, par enfouissement convenant à la fois aux vignes des coteaux et à celles qui croissent dans un sol où domine l'argile.

Le principe de M. Goetz est de semer, après chaque façon de la vigne, des graines ne dépassant pas 15 francs par an pour l'ensemencement d'un hectare, et susceptibles de se développer jusqu'à la façon suivante, de manière que la plante puisse alors être enfouie avec avantage, comme *engrais vert*. Si l'on jugeait nécessaire un complément d'engrais minéral tel qu'un engrais potassé, on l'ajouterait à l'herbe enfouie.

Suivant les localités, les espèces de graines et la saison de l'ensemencement varient. Par exemple, dans les pays où les gelées ne nuisent ni au colza ni à la navette, on pourra semer ces graines à la dernière façon, juillet et août, avant les vendanges, et, lors de la première façon du printemps suivant, on pourra enfouir la plante en vert. Dans les pays où l'on craindrait que la gelée n'atteignît le sarrasin, on le sèmera au printemps, lors de la première façon de la vigne, et on l'enfouira à la façon suivante de juillet ou d'août.

Les terres trop denses, comme celles où domine l'argile, sont allégées, et la maturité du raisin est accélérée, selon M. Goetz.

De plus, l'herbe, en couvrant la terre, agit comme amendement.

Si un jugement *à priori* m'était permis, je dirais que l'*engrais vert* me paraît préférable à certains engrais employés pour la vigne, qui peuvent augmenter la récolte, mais aussi qui peuvent avoir l'inconvénient de nuire à la qualité du produit.

Maintenant, citons le jugement de deux membres de la Société centrale d'agriculture, M. Pépin et M. Bourgeois, délégués par elle pour examiner les prairies de M. Goetz sur les lieux mêmes.

Voici le jugement de M. Pépin :

« En résumé, l'ensemble de ces prairies offre une composition » d'herbe de première qualité. Nos meilleures prairies du pays n'of- » frent pas cette conformité de plantes de choix, et l'herbe des » prairies irrigables, où souvent on sacrifie la qualité à la quantité, » en diffère plus encore...

» Mais, dès à présent, je puis déclarer que j'ai la conviction que » la preuve des faits sera apportée. A cette occasion, je dois faire » connaître que, l'année dernière, j'ai visité les prairies de M. Goetz » en Alsace, *lesquelles ont été faites il y a dix ans*, suivant sa mé- » thode. Le maire de Fürdenheim, l'un des fermiers, m'a déclaré » payer 175 francs l'hectare et avoir obtenu jusqu'à 1,600 bottes » de 5 kilogrammes dans une seule coupe. Les terres de même na- » ture ne sont louées que 50 francs l'hectare. »

Enfin, M. Pépin a constaté les bons effets du drainage de M. Goetz et a reconnu l'économie de son établissement.

J'ai parlé plus haut de l'autorité de M. Bourgeois en agriculture, et j'ai promis de citer son jugement sur le système agricole dont la prairie de M. Goetz est la base.

Je remplis ma promesse par la citation suivante, que les amis de l'agriculture qui lisent le *Journal des Savants* ne trouveront certainement pas trop longue, surtout s'ils pensent comme moi à la gravité des charges qui pèseront sur le cultivateur pour les années 1871 et 1872.

« Comme membre de la Société centrale d'Agriculture, au mois » d'août 1857, j'ai visité, avec M. Pépin, mon honorable collègue, » les prairies de Jouane, formées antérieurement par M. Goetz, et » j'ai suivi toutes ses expériences dans le parc de Rambouillet, en » même temps que, guidé par ses conseils, je m'occupais, pour » mon compte, du rétablissement d'une ancienne prairie suivant » sa méthode, « partout le *succès qu'il a annoncé s'est* complète- » ment justifié, et, en faisant la part du déficit généralement éprouvé » dans les prairies par suite de l'extrême sécheresse qui a régné » depuis plusieurs années, des récoltes extraordinaires ont été » obtenues; tandis que tous les prés hauts ont été desséchés à blanc, » les prairies de M. Goetz ont continué leur végétation, au point de » donner plusieurs coupes, et elles ont ensuite conservé leur ver- » deur; enfin, j'ai reconnu que la moyenne de 2,000 bottes (10,000 » kilog.) peut être aisément atteinte, et les prés que j'ai refaits » moi-même m'ont donné des résultats analogues; ainsi, sept hec- » tares qui n'avaient produit, dans leur ancien état, en 1857, que » 380 bottes (1,900 kilog.) à l'hectare, ont donné, après défriche- » ment et un nouvel ensemencement fait au printemps 1858 seule- » ment et tardivement :

» 1° En 1858 (fauché en septembre)	540 bottes	(2,200 kil.);
» 2° En 1859, en première coupe.	1,380 bottes	(6,900 kil.)
» et en seconde coupe..	240	(1,200 kil.)
Soit, par hectare...	1,620	(8,100 kil.)

» après quoi l'extrême sécheresse de trois mois, sans la moindre » intermittence de pluie n'a plus laissé qu'un pâturage.

» Quant à la qualité de l'herbe, je puis affirmer que tous les ani- » maux qui en ont mangé *préfèrent ce foin à tous les autres, et que* » *les vaches appartenant à différents particuliers qui paissaient* » *sur mes prés améliorés depuis quelques semaines, ne voulaient plus* » *manger sur les autres prés du pays*, quand, après une grande » pluie, j'avais interdit le pâturage sur ma prairie...

» Le poids de chacune des coupes qui ont été faites dans les diffé- » rentes parties du parc de Rambouillet a été constaté : sur deux » parties, la quantité de 2,000 bottes à l'hectare (10,000 kilog.) fut

» dépassée; j'ajouterai que tous ceux qui ont vu ces prairies en ont » été émerveillés.....

» Du moment où il devient possible à M. Goetz, par des moyens » praticables partout, d'établir et de constituer sur des terrains de » la moindre valeur et sur de mauvais sables, des prairies d'une » fertilité telle qu'elles produisent annuellement une quantité » d'herbe suffisante pour nourrir un grand nombre de bestiaux don- » nant de notables excédants d'engrais, il est évident que plus on » aura établi de prés de cette nature, plus ces engrais se multiplie- » ront dans l'avenir; et que, appliquant par la suite à la culture » des céréales les fonds de terre les moins mauvais qui avoi- » sinent les prairies nouvelles, on tirera ces fonds du néant, en » leur donnant un empaillement qui s'accroîtra avec le temps, » aussi bien par l'emploi constant de la plus grande partie des ré- » coltes obtenues que par l'alimentation d'un bétail de plus en » plus nombreux.

.... » *Les progrès agricoles les plus immenses, les plus » vastes améliorations du sol ne sont plus impossibles; il faut » reconnaître que M. Goetz est l'inventeur du plus puissant des » engrais, que j'appellerai l'engrais reproducteur.* »

Certes, après le jugement de M. Bourgeois qu'on vient de lire, reproduit ici textuellement, il me siérait mal d'ajouter à l'éloge; et, il y a plus, l'appréciation de l'œuvre agricole de M. Goetz, faite par un homme dont la compétence en culture est incontestable, m'enhardit à recommander à toutes les personnes qui, à un titre quelconque, s'occupent d'agriculture, les opuscules où M. Goetz expose un système de culture qui, heureusement réalisé par la pratique d'une vie longue déjà, me paraît appelé à rendre de grands services au pays, aussitôt que la France sera redevenue maîtresse d'elle-même après une guerre sans précédent, et qu'il ne m'est pas possible de caractériser dans un journal absolument et exclusivement consacré aux sciences et aux lettres.

Le mal est grand, très-grand, mais ne serait-ce pas l'accroître encore que d'en méconnaître la grandeur? N'oublions pas que l'extrême sécheresse du printemps et de l'été derniers (1870) inspirait déjà des craintes pour l'hiver, et alors personne ne pensait à l'envahissement du territoire par l'ennemi. Aujourd'hui, presque partout où il a pénétré, ses premières victimes ont été les cultivateurs; tous ont perdu leurs moissons, heureux quand les chaumières n'ont pas été la proie des flammes! Dans de telles conjonctures, c'est un devoir pour tous ceux qui, à un titre quelconque, peuvent quelque chose en agriculture, de se préoccuper d'urgence de la production végétale et de la production animale; or, ce que nous venons de dire du système de culture de M. Goetz en montre l'avantage pour aider les deux productions l'une par l'autre; et combien M. Bourgeois a eu raison d'insister sur l'utilité de la *prairie, telle que M. Goetz l'a conçue et réalisée*, d'abord pour la production animale, et, plus tard, pour la culture des céréales au moyen d'un engrais excellent et moins coûteux que celui qui est produit dans des conditions différentes.

Après avoir examiné le système de culture de M. Goetz, au double point de vue de la pratique et de l'utilité, il me reste une dernière tâche à remplir, c'est de l'envisager relativement à la science. Mon but sera atteint, si mes lecteurs voient que la science physico-chimique peut aujourd'hui, sans se faire illusion, contribuer elle-même au progrès de l'art sur lequel repose la vie des hommes, parce que, après avoir constaté l'efficacité de certains modes de culture et avoir donné des règles à suivre pour les reproduire sans incertitude, elle a donné les raisons de ces règles en s'appuyant sur des expériences précises et exactes.

Les principes sur lesquels repose le système d'économie rurale de M. Goetz concernent les faits suivants :

1° La profondeur des labours et l'ameublissement du sol;

2° Le bon choix des plantes;

3° L'époque la plus favorable à la coupe des foins.

Profondeur des labours et ameublissement du sol.

Après les détails dans lesquels je suis entré dans un article sur *le Livre de l'Agriculture d'Ibn-al-Awam* (1), en exposant la préparation des terres en général, et en expliquant ce que j'appelle l'*équilibre de mouillure* des parties terreuses du sol et l'*affinité capillaire* dont elles sont douées relativement aux liquides et au gaz, je n'ajouterai ici que quelques considérations historiques à l'appui des procédés que M. Goetz recommande avec raison.

La profondeur de la terre arable n'a pas d'inconvénient, et elle est avantageuse dans les années de sécheresse aussi bien que dans les années pluvieuses.

Avantages des labours profonds.

A. Dans les années de sécheresse.

Le sol ne perd de l'eau par évaporation qu'à sa surface, et, comme je l'ai dit dans le troisième article sur *le Livre de l'Agriculture d'Ibn-al-Awam*, il existe alors une tendance de l'humidité des couches inférieures à s'élever à la surface, conformément au principe de l'équilibre de mouillure. Dès lors, plus le sol a de profondeur

(1) *Journal des Savants*, septembre 1870, pages 364 à 367.

plus les racines sont allongées et moins la plante est exposée à souffrir de la sécheresse.

B. Dans les années pluvieuses.

L'eau qui tombe sur le sol comme liquide est mobile; de plus, elle est pesante. Dès lors, tout sol arable étant perméable, la pluie le pénètre, et si le sous-sol l'est pareillement, elle le pénètre aussi et ne s'arrête que là où il y a une couche imperméable, soit roche, soit glaise, soit une couche de terre saturée d'eau.

Il arrive donc, dans une terre dont le sous-sol a été atteint par la charrue à une grande profondeur, comme M. Goetz le recommande, que l'eau pluviale, en pénétrant la terre au-dessous des racines, ne les soustrait point au contact de l'air et ne les expose pas aux moisissures, comme cela arriverait dans une terre absolument mouillée.

Inconvénient des labours peu profonds.

A. Dans les années de sécheresse.

Lorsqu'un sol arable n'a pas de profondeur, sa surface se sèche et peu à peu, les racines manquent d'eau, puisqu'il n'existe pas de sol perméable au-dessous, soit que la terre inférieure soit trop compacte, soit qu'il y ait une couche imperméable ou une roche. Les racines sont donc alors exposées à manquer d'eau, puisqu'elles ne peuvent en recevoir des couches inférieures; et puisque l'eau est indispensable à la végétation, les plantes souffrent et peuvent périr.

B. Dans les années pluvieuses.

Le sol arable peu profond est bientôt saturé d'eau. Les racines, n'ayant plus un contact suffisant avec l'air, sont exposées aux moisissures, et, si la plante n'est pas menacée de périr, elle est alors exposée à la *verse*.

Je ne crois pas qu'il soit inutile de faire remarquer l'avantage résultant des labours profonds, et exécutés, comme le fait M. Goetz, de manière à se passer des irrigations. Certes, je suis bien éloigné de les proscrire, car personne ne désire autant que moi l'établissement de vastes réservoirs qui diminueraient la hauteur des grandes eaux, en recevant une partie de celles-ci pour les répandre plus tard sur des champs menacés par la sécheresse ; mais des expériences m'ont appris que bien des personnes se font illusion sur les grands avantages des coupes multipliées faites dans des prairies irriguées. D'abord, les plantes de chacune de ces coupes multipliées renferment une proportion d'eau plus forte que celles qui sont venues dans les terrains non irrigués; en outre, les principes immédiats les plus nutritifs s'y trouvent en moindre proportion. Je sais encore par ma propre expérience, que certains principes immédiats, odorants et savoureux, ne se font que dans des sucs séveux qui sont arrivés à un degré de concentration convenable dans les organes où ils reçoivent surtout l'influence de la lumière et de la chaleur pour éprouver la modification dont je parle.

Bon choix des plantes.

J'ai indiqué, d'après M. Goetz, quinze espèces de plantes propres à faire d'excellents foins, et cinq espèces destinées à être consommées en vert.

La *prairie mère*, comme la *prairie de la méthode*, ne se composant le plus ordinairement que de deux ou trois espèces, il est évident qu'il faut choisir. Mais comment se décidera-t-on? C'est ici que M. Goetz fait preuve encore d'un excellent esprit. Il aura recours à l'expérience faite sur une petite portion du sol qu'il veut mettre en prairie, parce que son esprit observateur lui a appris que tant d'éléments concourent à la production agricole dans un lieu donné, qu'aujourd'hui, quelles que soient les connaissances de culture que l'on ait, on ne peut encore se décider avec quelque certitude d'après des considérations purement spéculatives.

Époque la plus favorable à la coupe des foins.

La condition que M. Goetz s'est proposé de remplir dans la formation de sa prairie, la simultanéité de la floraison des espèces qui la composent, afin que les espèces fauchées soit arrivées à la floraison, me paraît excellente d'après les observations que je vais exposer.

C'est à l'époque de la floraison que les plantes herbacées présentent leurs principes immédiats, et, bien entendu, ceux qui servent efficacement à la nourriture des animaux herbivores, les plus uniformément répandus dans toutes les parties de la plante qui s'élève au-dessus du sol. Cette époque de la végétation est donc la plus favorable à la récolte du foin de bonne qualité.

Si l'on attendait la maturité, le foin serait d'une qualité tout à fait inférieure, par la raison que la graine ne peut se former et atteindre la maturité, qu'en s'assimilant les principes les plus nourrissants qui étaient répandus dans tout le végétal. En un mot, elle s'est nourrie elle-même aux dépens de ses principes; aussi le foin, d'une herbe dont les graines sont mûres, en perdant sa sève, est devenu plus ligneux. Cette observation explique pourquoi les graines sont si précieuses par leur qualité nutritive; aussi, dès 1837 (1), traitant cette question, je signalais l'analogie parfaite, sous ce rapport, entre la graine du végétal et l'œuf de l'animal, puisque la graine des vé-

(1) *Mém. de l'Acad. des sciences* t. XIX et XXIII et *Journ. des Sav.*, novembre 1837.

gétaux verdoyants doit contenir en elle tout ce qui est nécessaire au développement de la jeune plante, en ne prenant au monde extérieur que de l'eau et du gaz oxygène, jusqu'au moment où la feuille, devenue verte, est capable alors de s'assimiler le carbonne de l'acide carbonique, sous l'influence de la lumière solaire. L'œuf est dans le même cas, avec la différence qu'au lieu d'absorber de l'eau pendant l'incubation, il en perd de 1/5 à 1/6, d'après mes observations sur les œufs de plusieurs espèces d'oiseau ; mais, comme les graines, il ne peut se passer de la présence de l'oxygène atmosphérique.

Si, dans la période de végétation qui suit immédiatement la floraison, la graine se forme aux dépens des principes immédiats organiques répandus dans les diverses parties de la tige, ce serait une erreur de croire que, l'alimentation de la graine se faisant aux dépens de principes immédiats formés, la plante ne puise plus rien dans le sol par ses racines; elle y puise certainement encore, mais, ce qui est certain, bien moins qu'auparavant. Je pense donc que l'époque de la fauchaison choisie par M. Goetz présente des avantages sur toute autre, et que, dès lors, se trouve parfaitement justifiée la règle qu'il prescrit de ne composer une prairie que de plantes dont la floraison est simultanée.

Je me suis abstenu avec intention de parler de *dépenses et de recettes* sur un sujet étranger au *Journal des Savants* ; je renvoie donc le lecteur désireux de les connaître, pour faire la part des unes et des autres, aux opuscules de l'auteur et aux rapports divers dont son système d'exploitation agricole a été l'objet. Je ne crois pas être dans l'erreur en assurant que tous ceux qui examineront les comptes qu'il a publiés seront convaincus de la sincérité avec laquelle M. Goetz les a fait connaître.

E. Chevreul.

PRAIRIES SUIVANT MA MÉTHODE

J'ai deux manières d'établir mes prairies : celle par laquelle je suis obligé de commencer toute création de pré, est dénommée *prairie mère*; l'autre est qualifiée de *prairie de la méthode*.

L'une et l'autre sont composées des mêmes plantes, mais elles diffèrent, entre elles, en ce que celle désignée sous la dénomination de *prairie mère* sert à commencer toute application de mon système de culture par des essais sur des terres à améliorer, et que ces essais s'y font dans l'état que les terres se trouvent. Toutefois, on fait un choix parmi ces terres. Cette prairie est ainsi destinée à servir de guide au cultivateur.

La réussite de ces prairies est difficile dans certains cas, en ce qu'il ne suffit pas de les créer, mais il faut, n'importe l'état de fertilité de la terre choisie, comme se rapprochant le plus de la constitution du sol que ma méthode améliore, il faut, dis-je, arriver néanmoins à en faire des prairies durables et de haute production. Là est la difficulté.

Ces prairies nécessitent une dépense qui varie, en moyenne, de 300 à 600 francs par hectare. Leur création et leur réussite constituent le premier échelon de mon système d'amélioration.

L'autre prairie, qualifiée de *prairie de la méthode*, ne doit être établie que successivement, et à mesure que, par l'emploi des moyens indiqués, les terres arrivent à un état d'amélioration suffisante. Alors leur ensemencement se faisant avec les graines fournies par la prairie mère, la conversion d'une terre, en prairie du plus haut rapport, coûte même moins que l'ensemencement d'une terre pour d'autres cultures.

Ainsi par elle une terre de la plus basse valeur peut-être convertie en prairie de la plus haute production sans aucune charge pour le sol, ni avances de fonds.

Les plantes qui composent mes prairies sont les suivantes :

1. Ray-Grass anglais (lolium perenne).
2. Crételle.
3. Fétuque des prés.
4. Fétuque élevée.
5. Flouve odorante.
6. Vulpin des prés.
7. Dactyle pelotonné.
8. Avoine élevée (fromental.)
9. Agrostis vulgaire.
10. Paturin des prés et commun.
11. Paturin des bois.
12. Houlque laineuse.
13. Brome des prés.
14. Fétuque rouge.

Afin de pouvoir juger quelles sont celles de ces plantes qui conviennent le mieux dans la localité où l'on veut opérer, il faut les expérimenter, toutes. Mais avant de traiter des essais à faire je prie le lecteur de prendre connaissance des pièces qui précèdent. Elles lui donneront une idée suffisante de ma méthode d'améliorations agricoles, et de la valeur des prairies naturelles suivant mon système.

Leur lecture l'amènera à cette observation : que, si ce qui y est dit peut s'obtenir dans toutes circonstances de culture, il en résultera un grand bien général.

Pour faire ressortir que ces documents ne rapportent que des faits vrais, d'une réalisation possible, même sur les terres de la moindre valeur et avec les simples ressources de chaque cultivateur, à défaut de capitaux pour opérer plus vite; nous allons en commencer les enseignements dans l'ordre suivant.

Toutefois, je crois devoir les faire précéder d'un exposé succinct, et dire en quoi mon système de prés diffère de tous les modes connus d'exploiter la prairie naturelle :

1° Parce que certaines de mes prairies ne sont composées que de deux à quatre plantes; que toutes donnent un fourrage de première qualité, et que leur composition varie suivant les espèces d'animaux qui doivent consommer les récoltes.

2° Que les fourrages en sont de première qualité, non-seulement à cause de leur composition d'herbes de choix vivaces, qui permettent de les faucher en fleurs sans courir le risque de dégarnir les prés, comme cela arriverait si on fauchait les prairies du pays lors de leur floraison, mais aussi, parce qu'on ne réunit dans la même prairie que des plantes fleurissant à peu près à la même époque, et qu'on peut les récolter au moment qu'elles sont les plus nutritives

3° Que les plantes sont toutes hâtives, qu'elles donnent d'ordinaire deux coupes avant les chaleurs, et au moins une par l'année la plus sèche et sans que les irrigations soient nécessaires. La raison en est qu'en outre de toutes ces conditions, on ameublit profondément le sol qu'on leur destine; qu'en les créant, elles reçoivent une forte fumure et qu'on leur donne tous les ans l'intégralité des fumiers provenant de la consommation des fourrages produits, jusqu'à ce que la plus haute fertilité soit obtenue. De cette sorte, au printemps, la terre se trouvant immédiatement couverte d'une forte végétation, conserve au sol l'humidité de l'hiver et assure une ou deux coupes de foin, quelle que soit la sécheresse du commencement de l'année.

Ces assertions sont justifiées par les expériences rapportées dans la brochure (pages 30 et suivantes). Elles prouvent qu'on a obtenu par hectare sans irrigation, en 1859, année exceptionnellement sèche, 11,229 kil. de foin sur une prairie, et 11,804 kil. sur une autre, non compris une très-forte coupe d'herbe en automne; alors que la production moyenne des prairies de la France, qui est de 3,000 k. par hectare, a été tellement inférieure, que les cours des 500 kilog. se sont élevés, suivant les localités, de 50 à 70 francs.

CRÉATION DE LA PRAIRIE
DITE PRAIRIE MÈRE

Semis à essayer avant toute création de prairie afin de bien apprécier les plantes qui réussiront le mieux sur les terre où l'on veut faire l'application de mon système.

Ces expériences se divisent : 1°. en un essai particulier de chacune des plantes qui entrent dans la création de mes prairies, et dans l'assortiment de celles qui doivent entrer dans les compositions de prairies que je fais également expérimenter.

A cet effet, le cultivateur disposera d'abord un nombre nécessaire d'ares pour y semer séparément sur un are chacune des quatorze semences mentionnées page 64, et sur 25 ares chacune des quatre compositions qui suivent :

Composition pour chacun des quatre semis de 25 ares.

1re Composition.

Brome des prés....	7 k. 500 gr.
Dactyle pelotonné..	5 k.

2e Composition.

Avoine élevée.....	16 k.
Vulpin des prés....	1 k. 250 gr.
Dactyle pelotonné..	3 k.

3e Composition.

Fétuque élevée	0 k. 625 gr.
id. des prés...	0 k. 625 gr.
Ray grass	2 k. 250 gr.
Dactyle pelotonné .	3 k.
Flouve odorante...	1 k.
Paturin des bois...	0 k. 750 gr.
id. commun...	0 k. 750 gr.
Vulpin des prés....	1 k. 250 gr.

4e Composition.

Fétuque des prés...	1 k. 250 gr.
Dactyle pelotonné..	1 k. 250 gr.
Ray grass	2 k. 250 gr.
Flouve odorante...	1 k.
Paturin des bois....	0 k. 500 gr.
id. commun...	0 k. 500 gr.
Vulpin des prés....	1 k.
Brome des prés....	2 k.

5e Composition.

Proportions de la composition destinée à garnir les semis qui ne contiendraient pas assez de plantes.

Flouve odorante...	1 k.
Vulpin des prés....	2 k.
Paturin des bois ...	1 k.
id. des prés...	1 k.
Houlque laineuse..	3 k.

Il importe de faire les mélanges de ces graines avec grand soin. A cet effet on répartira successivement, sur une place bien unie, chaque graine différente les unes sur les autres, afin qu'en les mêlant ensuite on ait la certitude qu'elles soient bien disséminées.

La cinquième composition est destinée à regarnir les semis qui n'auraient pas bien levé, ou qui auraient été inégalement garnis.

Il importe qu'on regarnisse à temps, mais il faut bien prendre garde de ne pas regarnir trop tôt, parce que certaines graines lèvent plus tôt que les autres.

Je ne saurais trop recommander de bien observer mes enseignements.

Je n'ensemence mes prairies qu'en automne; néanmoins, pour ne pas perdre une année, les cultivateurs qui n'auront connaissance de ma brochure qu'après le moment des semis d'automne, pourront, à titre d'essai seulement, faire leur ensemencement au printemps, si l'année est favorable et si les terres sont meubles et fertiles; dans le cas contraire je les engage d'attendre jusqu'en automne.

Mon système de prairies va être expérimenté cette année dans toute la France, et l'année prochaine il sera établi qu'il est d'une application générale, et qu'il constitue le commencement de la voie de prospérité que j'ambitionne d'introduire dans nos cultures. Je prie les exprimentateurs de ma méthode de vouloir bien me communiquer, à fin d'année, les résultats obtenus.

Dans l'intérêt des expérimentations, et seulement pour les essais à faire, je désire qu'on prenne les graines chez les marchands bien connus pour livrer de bonnes graines; j'indiquerai entre autre M. Tollard quai de Mégisserie, 20, à Paris.

Pour les autres sémis, on les prendra où l'on jugera bien. Toutefois, si parmi mes imitateurs il s'en trouvait qui n'aient pas leur marchand attitré, je leur indique M. Vianne directeur de l'Agence agricole, rue Dauphine, 18, qui s'occupe spécialement de cette partie et qui peut livrer dans les meilleures conditions.

Motifs de cette expérimentation.

Les semis par are, de graines différentes, ont pour but de faire connaître le moment où chaque plante entre en floraison et celui où elle a déjà une certaine consistance pour être fauchée et convertie en foin.

Ces études sont essentielles pour faire sciemment des compositions de prairies. Elles permettent également de connaître le rendement particulier de chaque plante. A cet effet, le cultivateur devra laisser un espace de un ou deux pieds entre chaque semis différent. Il tiendra aussi, pendant deux ou trois années, une note exacte de ses observations et des résultats que chaque plante aura donnés.

En opérant ainsi, le cultivateur aura un guide certain pour connaître les plantes qui réussiront le mieux dans sa localité, et il connaîtra l'état de consistance de chacune aux différents degrés de leur végétation. Il aura aussi un guide pratique pour arrêter les proportions dans lesquelles il devra faire entrer chaque plante dans la composition des prairies de sa localité, pour obtenir les meilleures qualités de fourrages et les plus forts rendements.

Ces études le mettront aussi à même de juger de quelles plantes il devra composer les prairies dont les fourrages devront être consommés par les différentes espèces d'animaux domestiques.

On remarquera, par ces explications, que mes compositions de prairies doivent varier beaucoup, et qu'en se pénétrant bien de mes enseignements, chaque cultivateur finira par connaître lui-même les meilleures compositions pour sa terre ; d'où il résulte que les expérimentations que je recommande sont indispensables avant de se livrer à toute application plus en grand.

Il est des personnes auxquelles ces précautions paraîtront peut-être trop minutieuses ; mais je m'adresse aux hommes pratiques qui savent que, dans une étude, rien n'est à négliger.

Préparation du sol et fumure.

On choisira parmi les terres, pour les quatre compositions différentes de prairies ainsi que pour les essais particuliers de chaque plante, un sol qui, comme ameublissement et profondeur, aura le plus de rapport avec les qualités de terre que ma méthode exige, c'est-à-dire un sol sain, meuble et assez profond pour conserver le plus longtemps possible l'humidité de l'hiver. Si on a des terres argilo-calcaires réunissant ces conditions, c'est avec elles qu'on obtiendra les meilleurs résultats.

On donnera à cette partie de terre une quantité de fumier égale à celle que reçoivent les terres qu'on prépare pour la sole des blés. Il importe que le fumier employé soit de bonne qualité, qu'il produise un effet immédiat, afin que la végétation soit assez forte pour n'avoir pas à redouter les gelées.

Cette recommandation est d'autant plus nécessaire que, dans les applications générales qu'on va faire, il se trouvera très-peu de terres assez fertiles pour offrir aux jeunes plantes une nourriture substantielle et immédiatement assimilable.

Le fumier devra être bien disséminé et enterré au plus à dix centimètres et même moins, si les terres d'essai ne sont pas fertiles, car moins la terre sera fertile, plus il faudra de soins pour que les radicules des plantes trouvent de suite une nourriture appropriée à leurs besoins et qu'elles puissent croître avec vigueur.

En indiquant pour fumure la quantité dont chaque cultivateur dispose pour ses blés, je sais d'avance que cette fumure sera presque généralement insuffisante; aussi je ne la prescris ici qu'afin d'avoir un point de départ pour fixer le supplément d'engrais à donner au printemps et obtenir, dès la première année et par hectare, un minimum de 10,000 kilog. de fourrage sec. Récolte indispensable pour, par sa consommation, obtenir le fumier nécessaire à l'entretien de cette haute production.

La prairie créée dans ces conditions réclame tout le fumier provenant de ses fourrages pendant les trois premières années. Une fois les prairies faites, la fumure, sera donnée soit à l'état de purin, de compost ou, autant que possible, de fumier fait, afin de le faire servir au plus tôt à établir l'état de fertilité nécessaire.

Ainsi, le fumier fourni par la récolte de 1873 devra pouvoir être employé en hiver et servir pour la récolte de 1874.

La terre étant bien purgée de toutes mauvaises herbes et fumée comme que je viens de le dire, et sa surface étant aussi rendue bien meuble, le cultivateur attendra le moment favorable pour faire son semis.

Je crois inutile de dire que les semis devront être garantis contre les ravages des taupes, car la méthode exige une terre bien unie pour qu'on puisse faucher à ras de terre. Les taupinières et les fourmilières ne doivent, à aucun prix, venir faire difficulté; tout comme la surface de la terre doit être purgée de tous corps, tels que pierres ou autres obstacles qui mettraient le faucheur dans la nécessité de faucher l'herbe un peu trop haut.

Moment le plus favorable pour faire les semis.

Le moment le plus favorable pour les semis varie suivant les localités, les climats et même les années. Au point de Paris c'est le mois de septembre, et ailleurs le plus tôt qu'on pourra les faire sera le meilleur; mais, dans aucun cas, il ne faut y procéder qu'après les sécheresses de la fin de l'été. Il faut qu'on ait la certitude d'une bonne levée.

Il m'est arrivé, en 1858, lors de mes expériences en Sologne, que, contrarié par le vent et opérant sur des sables secs et brûlants, j'ai retardé certains de mes semis jusqu'à la fin d'octobre. Je fais part de cette particularité afin, de convaincre le cultivateur qu'il faut aviser à tous les moyens pour bien faire. Mais je n'ai agi ainsi que parce qu'il y avait obligation absolue de ne pas perdre une année. Ce n'est donc pas un conseil que je donne, mais un fait que je cite.

Malgré le retard mis à ma publication, le temps ne peut manquer à personne pour créer un hectare de prairie en saison utile, puisque je conseille de prendre des terres préparées pour le blé et que, dans le courant de septembre, tout le monde sera à même d'opérer.

Il faut prendre pour règle, qu'en terre peu fertile, les semis demandent à être faits le plus tôt possible et dans les meilleures conditions de fraîcheur du sol. Sur des terres riches et bien meubles, on peut hasarder avec plus de chance des semis tardifs, mais il ne faut pas que les jeunes plantes soient exposées à souffrir du froid.

Le matin et le soir sont d'ordinaire les moments où le temps est le plus calme. Il faut profiter de ce moment pour les semis et surtout pour ceux composés de différentes graines.

Pour éviter autant que possible une répartition inégale, je fais semer séparément les graines qui diffèrent trop de volume et de poids, mais avec les compositions d'essais que je donne on pourra s'en dispenser.

Précautions à prendre encore pour bien semer.

Les semis doivent être croisés et le semeur devra y procéder avec tous les soins possibles, afin de les faire bien égaux.

Une répartition égale, sur toutes les parties du sol, des semis composés de plusieurs graines a une grande importance comme rendement : on ne saurait donc y mettre trop de soins.

Parmi mes imitateurs, il y a nécessairement des hommes plus ou moins pratiques; je les invite à choisir un semeur bien intelligent, qui ait l'habitude de semer toutes les graines, et après s'être assuré de sa bonne volonté, lui promettre même une récompense en cas de réussite.

Il faut le rendre surtout attentif que la perte du temps n'est rien dès qu'il s'agit d'assurer un semis, et qu'en conséquence il doit s'abstenir de semer dès qu'il y a un peu d'air, et même cesser tout travail. Après ces recommandations, si on ne surveille pas l'exécution des travaux, il ne reste qu'à s'en remettre à l'intelligence et aux bonnes dispositions du semeur, mais mieux vaut assister aux semis afin d'obtenir la meilleure répartition des graines.

Inconvénients des répartitions inégales des graines, et soins pour assurer le succès des semis.

Les compositions que je donne à l'article semis sont le fait de l'expérience. Les proportions différentes de chaque grains sont calculées de manière à ce que, étant également réparties, l'herbe croîtra dans les meilleures conditions de production.

Il faut donc que le semeur soit bien convaincu que si, au lieu d'une égale répartition de chaque graine différente, certaines de ces graines se trouvaient groupées sur un point, le semis ne donnerait pas les mêmes résultats.

On doit aussi éviter à tout prix un semis trop épais. Si, lors de la levée, on remarquait qu'un semis ne serait pas assez garni, on le compléterait à temps, car un semis incomplet ne pourrait bien faire; tout comme par un semis trop épais, les plantes s'étoufferaient les unes les autres.

Pour les semis d'essai par are, on fera bien d'enterrer légèrement les graines avec un râteau.

Il ne faudra pas rouler la terre après l'ensemencement. Il vaut mieux différer les semis jusqu'au moment qu'on n'aura plus de sécheresse à craindre. Pourtant si, contre toute attente, il en survenait une immédiatement après les semis ou avant leur levée, le cultivateur agirait suivant que la nature de sa terre et l'état de germination des graines le demanderaient.

On peut rouler la terre lorsque le semis est également levé et qu'on redoute une sécheresse. Le travail du rouleau doit rester à l'appréciation du cultivateur qui, mieux que personne, doit en connaître les avantages et les inconvénients. Mais il ne doit pas perdre de vue que, pour pouvoir faucher l'herbe à ras de terre, il faut que le sol soit bien uni à sa surface.

Il ne faudra pas omettre de bien rouler les prairies tous les printemps.

Inconvénients des semis sur des terres peu fertiles.

Il m'est arrivé maintes fois, lors d'essais de semis sur des terres peu fertiles et après des pluies battantes, qu'il a fallu donner des coups de herse, tellement la terre était devenue dure. Si ce cas survenait, il ne faudrait pas hésiter à rompre la croûte, au risque même d'endommager plus ou moins le semis. Ce serait un grand mal, aussi faut-il procéder à cette opération avec beaucoup de précautions, et regarnir à temps en évitant de faire un semis trop dru.

Inconvénients des semis tardifs.

Il importe que l'herbe ait une certaine force avant les froids. Il vaudrait mieux remettre les semis à une autre année que d'en faire qui ne prendraient pas assez de développement avant les froids ; ou bien alors ne faire que des essais sur une très-petite échelle, et s'attendre à être obligé de les garantir avec des fumiers longs si, avant un développement suffisant, on était exposé à de fortes gelées.

Précautions de toute nature à prendre.

Il peut arriver que des semis faits de bonne heure, sur une terre fertile ou par un temps favorable, prennent trop de développement avant l'hiver; dans ce cas, il faut les faucher avant les gelées, en enlever l'herbe et ne pas la laisser en couverture à moins de la bien répartir. Il m'est arrivé qu'ayant négligé cette précaution, l'herbe s'est affaissée et, en pourrissant sur place, a étouffé le gazon. On ne devra pas alors faucher l'herbe trop ras de terre, afin que la plante soit garantie contre le froid.

Je crois utile de répéter encore ici que, tout en ne semant que sur terre saine et ayant un peu de pente, il faut garantir les semis contre tout séjour prolongé d'eau, afin que les plantes arrivent en bon état de végétation au printemps.

Les prairies une fois établies, il ne faut jamais les faire pâturer par les moutons et en défendre également le pâturage, par les temps humides, aux autres bestiaux.

Soins à donner aux semis au printemps. Importance à observer les pratiques de la méthode pour arriver dans chaque lieu aux meilleurs résultats.

J'ai recommandé de faire les semis sur des terres propres, sans fourmillières et sans taupinières; mais comme les taupes et les fourmis peuvent s'y installer d'un moment à l'autre, on devra surveiller les semis et détruire ces animaux dès qu'ils y viendront ou qu'on en apercevrait sur des terres voisines. Il y a des personnes qui disent que la taupe est utile dans les prairies; je déclare, au contraire, qu'à tout prix il faut les détruire dès qu'elles paraissent.

Suivant les contrées et les années, la végétation est

plus ou moins hâtive. Dans certaines localités, elle commence dès le mois de janvier, et dans d'autres en mars et avril seulement. Je ne puis donc donner d'indications d'une application générale ; quant aux époques des soins à donner c'est au cultivateur à se bien pénétrer de mes enseignements et à les appliquer suivant les circonstances.

Ainsi, en admettant que, par les précautions indiquées, les prés aient été préservés des froids, des eaux stagnantes et des animaux nuisibles, et qu'on leur ait continué les mêmes soins prescrits, il me reste à faire connaître les renseignements relatifs à la quantité et à la distribution des engrais à donner au printemps.

Ces engrais se composeront, pour les deux premières années, de bon guano du Pérou ou autres engrais équivalents, attendu qu'il faut une action forte et immédiate.

J'indique le guano du Pérou parce que c'est de lui que je me suis servi pour être certain d'obtenir, dans les deux premières annés, une végétation assez forte pour amener des récoltes abondantes. Néanmoins si, parmi mes souscripteurs, il y avait des cultivateurs disposant d'engrais dont les effets leurs sont connus, ils peuvent les employer, pouvu qu'ils en obtiennent les récoltes voulues.

Je varie la dose de guano du Pérou suivant que les semis en automne m'en donnent l'indication. Je n'emploie pas non plus le guano comme on le fait ordinairement. A l'article « fumure » on verra comment il faut y procéder.

Pour obtenir au moins une forte première coupe, sinon deux, avant les chaleurs, il faut donner une dose de guano proportionnée à l'effet qu'on veut produire, afin que, profitant de l'humidité de l'hiver, on obtienne une végétation vigoureuse qui garantisse le sol contre les hâles. Cette dose varie de 300 à 600 kilog. par hectare, suivant l'état des terres. Il faut donner la première année 600 kilog. aux terres qui ne sont pas riches. J'ai obtenu dans certain cas jusqu'à 20,000 kilog. à cette première année ; et comme l'engrais avait été absorbé je me suis empressé de donner tout le fumier provenant des fourrages, et de plus au printemps suivant j'ai été obligé d'aider encore avec du guano.

On doit, pour plus de certitude d'une action immédiate, donner le guano de très-bonne heure, dans les localités où le printemps est souvent sec et où l'on aurait à craindre que la distribution de l'engrais soit suivi immédiatement d'une sécheresse.

Il est donc prudent de régler les distributions de l'engrais de manière à avoir la certitude qu'il recevra encore une pluie suffisante pour le dissoudre. En toute prévoyance, on fera bien de donner la moitié de l'engrais à la fin de l'hiver, et l'autre moitié dès que la végétation sera commencée.

Comme, pendant les deux premières années de l'application de ma méthode, il faut arriver aux hautes productions annoncées, n'importe les lieux et l'état de plus ou moins de fertilité de la terre, il ressort que si ce but n'était pas atteint alors, le commencement d'amélioration du système serait retardé. La raison est que dès les premières années les fourrages doivent donner par leur consommation l'engrais nécessaire pour commencer l'amélioration du sol et l'amener successivement à la haute fertilité, but de la méthode.

On peut voir, par ces simples observations, combien il importe de suivre à la lettre mes enseignements, tant que les applications de mes prairies se feront dans des conditions si différentes de fertilité des terres de notre agriculture.

Or, comme dans une application générale de ma méthode on ne peut, sans connaître les lieux, donner des enseignements précis sur aucun point, il y a nécessité de laisser beaucoup de choses à l'appréciation de l'exploitant, et cette appréciation sera d'autant plus juste qu'il aura acquis une connaissance plus parfaite par mes conseils.

Ce sont des raisons semblables et beaucoup d'autres qui m'ont fait déclarer qu'en raison de la diversité des applications et pour n'omettre aucun des avantages que la méthode offre, des études d'application sont indispensables, si notre agriculture doit être mise à même de profiter, au plus tôt et dans les meilleures conditions locales, des connnaissance que la pratique et une science acquises peuvent seules donner.

Un des nombreux points d'étude cesse d'être, dès que les prairies à créer seront faites sur des terres améliorées par mon système de culture ; mais malheureusement nous n'en sommes pas encore là. Ces dernières se trouvent, dès leur création, dans les meilleures conditions de production, et leur ensemencement coûte même moins que celui de toute autre culture, puisque les graines sont fournies par une des prairies mères primitivement établies.

En attendant que, par l'application de ma méthode, on puisse établir les prairies sur des terres améliorées par elle, le cultivateur doit s'attacher, dans le choix à faire des terres sur lesquelles il veut introduire mon état de prairie, à donner la préférence aux terres saines, meubles, aussi profondes que possible, et conservant le plus longtemps l'humidité de l'hiver.

Avec des terres choisies et dont l'état de production se rapproche des terres améliorées par ma méthode, le cultivateur a la certitude, en observant bien mes enseignements, d'arriver, sous n'importe quel climat, à avoir au moins une sinon deux coupes abondantes de fourrage. La raison est qu'en outre de ces améliorations, les plantes qui composent mes prairies sont les plus hâtives, et que de toutes les cultures, c'est l'herbe qui donne les premières récoltes.

On verra par les justifications (pages 29 et suivantes) que ne voulant laisser se produire aucun doute au sujet de mes assertions sur les prairies de mon système, j'ai démontré, en 1859, année extraordinairement sèche et chaude, que, par mes soins et opérant sur des terres dans des conditions d'amélioration les plus contraires à celles que ma méthode exige; j'ai néanmoins obtenu de belles récoltes.

Et en effet, cette année-là, elles s'élevèrent à plus de 10,000 kilog. de foin par hectare, et ce sans le secours des irrigations.

Le cultivateur doit se pénétrer que la théorie de ma méthode, confirmée par une longue pratique, consiste :

1° Dans le classement et les proportions des plantes vivaces et hâtives, reconnues comme réussissant le mieux pour la composition de mes prairies dans le lieu et la terre où l'on opère, et y arrivant en fleur à peu près au même moment.

2° A établir, dès la première année, une végétation vigoureuse par un supplément d'engrais au printemps, en outre de la fumure donnée en automne lors des semis; supplément dont la quantité varie suivant les indications.

3° A maintenir pour, les années suivantes, cette végétation avec l'emploi judicieux des fumiers provenant de la consommation des récoltes.

Il sera utile, sinon nécessaire, de donner encore au printemps de la seconde année un supplément de guano, suivant que *l'état de la végétation le demandera, car il faut plutôt donner plus que moins ; le plus profitera aux autres coupes.*

4° A prélever, par cette forte végétation, le plus de parties nutritives sur l'air, l'eau, les brouillards, les rosées.

5° Le cultivateur doit surtout se pénétrer que ce n'est qu'en faisant ses semis sur des terres profondément meubles et en les fumant fortement, qu'il s'assure des récoltes certaines et abondantes, même pendant les années les plus sèches.

Cette manière d'opérer permet de disposer d'autant plus de fumier en faveur des autres cultures, que l'herbe en demande moins au fur et à mesure que la végétation de la prairie devient plus vigoureuse.

C'est ainsi que, simplement guidé par l'observation des faits et sans m'inquiéter des discussions scientifiques sur la manière dont les plantes s'approprient une partie de leur nourriture sur les éléments sus-rappelés, je suis arrivé à un système de culture que la science déclare aujourd'hui être d'accord avec elle (voir les communications de M. Chevreul, pages 49 et suivantes).

Par les expériences que je rapporte pages 25 et suivantes, on peut voir combien mon système de prairies diffère, par les résultats, des différents modes d'exploitation des prairies naturelles.

Mes prairies peuvent déjà donner une première coupe en avril, dans le midi de la France, et un peu plus tard dans les autres contrées.

Cette assertion se justifie (voir page 28) de ce que, sous le climat de Paris, j'ai fait, à titre de démonstration, sur une prairie, en 1859, année exceptionnellement sèche, le 18 avril, une coupe de 5,245 kilog par hectare et, le 20 mai, sur une autre, 8,260 kilog.

Importance à bien étudier les moments les plus favorables à faire les différentes coupes du printemps.

Par les citations qui précèdent, on peut se rendre compte combien il importe d'être bien renseigné expérimentalement, non-seulement pour arriver aux produits voulus dès les deux premières années, mais aussi pour avoir un guide pour faire à l'avenir les récoltes du printemps dans les conditions les plus avantageuses, malgré les régions si différentes qu'offre la France.

Dans le but de faire une première coupe abondante, il faut la retarder, autant que possible, afin qu'elle soit forte, mais on devra prendre en grande considération le climat du pays où l'on opère et les probabilités de la température, afin que cette première coupe soit faite assez à temps pour qu'elle ne compromette pas la deuxième, qui doit toujours être la plus importante. D'ordinaire, il suffit que la terre reçoive, après la première coupe, une pluie qui la pénètre à une certaine profondeur, pour être certain de faire une seconde coupe très-forte avant les chaleurs.

Sous le climat de Paris, on peut différer cette première coupe, par une année favorable, jusqu'au 10 ou 20 mai.

Dans le midi de la France, cette coupe se fera dans les meilleures conditions en avril, ainsi que je l'ai déjà dit;

mais il ne faut pas perdre de vue que plus les chaleurs sont fortes et hâtives dans une contrée, plus on devra y faire la première coupe forte, dans la crainte de ne pas pouvoir en faire une seconde ; surtout si les terres sur lesquelles on opère sont peu profondes.

Dans l'intention de faire ressortir l'importance de ces observations, je rappelle encore ici les expériences que j'ai faites, en 1859, à Rambouillet (voir pages 30, 31 et 32).

La prairie qui a été fauchée trois fois a produit, à la coupe du 18 avril, 5,245 kilog., puis a donné, en deux coupes et en trois mois, neuf jours, le 7 juin, 3,957 kilog. et le 27 juillet 2,026 k. — Total 11.228 k.

L'autre partie, fauchée le 20 mai, a fourni 8,260 k. et le 25 juillet, 3,545 k. — Total 11,805 k. en deux mois, cinq jours.

En 1860, ces deux prairies ont été réunies dans une même expérience, ainsi qu'il est expliqué page 32. De cette dernière expérimentation, il ressort encore, que six à sept semaines suffisent, en bonne saison, pour amener une coupe en pleine floraison.

Il importe que chaque cultivateur apporte la plus grande attention à ces études, et en fasse lui-même dans sa localité. Je n'ai rapporté ces expériences ici, que pour rendre les cultivateurs plus attentifs aux moyens d'obtenir les meilleurs résultats par la manière d'exploiter mes prairies.

Les prairies du pays se dessèchent ordinairement après la coupe des foins et l'herbe ne repousse qu'après un temps qui varie. Il est des localités et des années ou cette dernière végétation ne commence qu'en automne.

Mes prairies éprouvent également un arrêt de végétation, suivant que les chaleurs et les sécheresses sont plus ou moins fortes, mais, je dois faire observer :

Que l'herbe de mes prairies étant coupée au plus tard lorsque la floraison est bien développée, elle repousse immédiatement, comme l'herbe qu'on fait pâturer, pourvu que la terre possède encore un peu d'humidité ou qu'elle soit favorisée par une pluie plus ou moins forte après la deuxième coupe.

Il est des annéesoù mes prairies produisent sans interruption et que la repousse succède immédiatement à la coupe.

Par tout ce que je viens de dire et la communication de l'opinion d'hommes très-compétents, je pense avoir convaincu mes lecteurs que *mon système de prairie se recommande non-seulement, parce que ses fourrages sont plus abondants que ceux des prairies ordinaires, mais encore parce qu'ils ont plus de qualités, et que surtout leurs récoltes sont plus certaines.*

Même les prairies irriguées, celles situées le long des cours d'eau et qui d'ordinaire sont d'un prix plus élevé que les autres terres, ne peuvent entrer en comparaison avec les miennes, soit comme qualité, soit comme récoltes certaines, et moins encore comme produisant des fourrages à bon marché.

Personne n'ignore que plus une substance a de qualités moins il en faut. — Or, comme il résulte, des documents qui précèdent, qu'un hectare de mes prairies livre à la consommation générale quatre fois plus de fourrage que la moyenne de France, indiquée par nos statistiques, et proportionnellement plus de qualités nutritives, dans une même quantité de fourrage; mon système de prairies doit donc être considéré, avec raison, comme le premier échelon des améliorations agricoles, que j'annonce. En effet, il met l'agriculteur à même de se livrer à l'élevage du bétail sur la plus grande échelle, et de pouvoir disposer pour ses autres terres, de fumier dans des proportions à suffire aux plus grands besoins.

COMMUNICATIONS DIVERSES

Fumure et manière d'employer le guano.

Quant à ma manière de préparer le fumier, et de lui conserver toute sa valeur ainsi qu'au purin et aux composts, cet article trouve naturellement sa place dans la brochure qui paraîtra au commencement de l'année 1873. Elle paraîtra assez tôt pour qu'on puisse même profiter de ses enseignements pour soigner les fumiers provenant des prairies d'essais.

Ma manière d'employer le guano est celle-ci :

Environ un mois avant de semer le guano, je commence par mettre dans de l'eau une quantité suffisante d'acide sulfurique pour rendre acide, comme un vinaigre très-fort, cette eau qui doit servir à arroser le guano; puis j'étale, dans l'aire d'un lieu renfermé, une quantité égale en volume à la moitié du guano, de terre forte, sèche, réduite en poudre et répartie de manière à former une couche d'égale épaisseur. Je laisse une place libre d'environ 60 centimètres pour pouvoir circuler autour, et j'arrose cette terre légèrement avec l'eau acidulée. Puis je couvre cette terre avec le guano, réduit préalablement en poudre, et je l'arrose de même. Je recouvre ensuite le guano de terre, préparée comme la précédente d'un volume égal au guano, et je la mouille assez fortement pour qu'elle fasse un peu pâte.

Bientôt une fermentation se produit, durant laquelle il faudra constamment tenir humide la couche de terre qui est sur le guano, en l'arrosant selon les besoins et jusqu'à la fin de la fermentation avec la même eau acidulée. Puis on laisse le tout reposer et sécher jusqu'à ce que le moment d'employer le guano approche. Il faudra alors bien mêler le tout et ne l'employer que lorsque le mélange sera assez sec pour être pulvérisé, et se trouver dans les conditions voulues pour être facilement réparti. Ainsi préparé, il faut employer le guano dans un état de fraîcheur suffisante pour n'avoir pas à redouter de perte de guano, au cas où il surviendrait un peu de vent au moment qu'on le répand.

Par cette manière d'employer le guano, il se trouve mêlé avec une fois et demie plus de terre que son volume.

Il faut bien se pénétrer de l'importance d'un répandage bien égal. Mal fait, on compromet la récolte, tout comme si le mélange de guano avec la terre était fait imparfaitement.

Fenaison.

Je ne ferai point d'observations quant à la manière de faire les foins, sinon que je recommande de faire faucher l'herbe à ras du collet des plantes.

De ne pas marchander le faucheur pour obtenir ce résultat, car non seulement l'herbe repoussera mieux après un pareil fauchage, mais encore la partie de fourrage qui resterait sur pied aurait une valeur supérieure à l'excédant du coût d'un bon fauchage.

Il m'est arrivé maintes fois d'être contrarié par le temps pour la rentrée des fourrages. Ces cas se produisent d'autant plus fréquemment que les coupes sont plus hâtives.

J'indique ici le procédé Klapmayer et j'extrais l'article que je communique du *Manuel de l'Agriculteur praticien*, de Dombale :

Méthode Klapmayer pour sécher le fourrage par les temps contraires.

« Il y a, pour faire le foin de trèfle, une autre méthode que celle généralement en usage dans plusieurs parties de l'Allemagne, où elle est connue sous le nom de méthode Klapmayer, parce que c'est cet agronome qui l'a indiquée le premier : elle consiste à mettre l'herbe en gros tas, dès le lendemain du jour où elle a été fauchée ; ainsi l'on mettra en tas, dans l'après-midi, toute l'herbe qui a été fauchée dans la journée de la veille. Les tas doivent avoir huit à dix pieds de diamètre et autant de hauteur qu'il est possible ; on doit les fouler fortement et bien également dans toutes les parties. Ordinairement la fermentation commence à s'y établir peu d'heures après qu'ils ont été formés, et elle augmente rapidement. On doit alors observer avec soin et fréquemment l'état de la fermentation, et lorsqu'elle est parvenue au point où la chaleur ne permet plus de tenir la main dans le tas, et où il s'en échappe de la vapeur lorsqu'on y fait une ouverture, on démonte promptement le tas et l'on étend le foin à l'entour. Quelques heures de soleil ou même de vent suffisent pour dessécher complétement le foin qui a subi cette fermentation, et pour le mettre en état d'être rentré ; les feuilles ne s'en détachent pas facilement. On conçoit qu'on ne doit pas manquer de démonter le tas aussitôt qu'il est parvenu au degré de fermentation convenable; la pluie ne doit pas même faire retarder cette opération, sans laquelle tout se gâterait ; mais aussitôt que le foin est refroidi, on peut le mettre en tas sans crainte qu'il s'échauffe de nouveau. »

» Lorsqu'il fait beaucoup de vent, il arrive souvent que, dans le côté du tas qui y est exposé, une partie de l'herbe ne prend pas part à la fermentation ; cela peut arriver aussi si on n'a pas foulé la masse bien également. On s'en aperçoit en démontant le tas, parce que cette herbe est restée verte, tandis que le reste est devenu brun. Dans ce cas, on met à part celle qui n'a pas fermenté, parce qu'elle ne peut pas sécher aussi promptement que l'autre, et on la remet dans d'autres tas pour la faire fermenter, ou on la fait sécher de toute autre manière. On peut aussi refaire le tas peu de temps après l'avoir étendu, en mettant au centre les portions qui n'ont pas fermenté, et c'est le meilleur parti lorsqu'on craint une pluie immédiate.

Cette méthode est, sans contredit, la plus prompte par laquelle on puisse faire sécher le trèfle, car dans trois jours il peut être fauché et rentré, mais elle est coûteuse par le grand nombre de bras qu'elle exige pour les divers déplacements du foin ; elle peut être très-précieuse dans une saison pluvieuse. Le foin préparé par cette méthode est sucré au goût, et pendant la fermentation le tas répand une forte odeur de miel ; ce fourrage plaît aux bestiaux. »

Ce que j'ai dit du trèfle dans tout cet article s'applique également eux vesces, à la luzerne, au sainfoin, à la lupuline et autres plantes du même genre.

« Pour la conservation du fourrage produit par ces diverses plantes, soit dans les greniers, soit dans les meules, on peut consulter ce que j'ai dit dans l'article précédent sur le foin des prairies, et qui peut s'appliquer également à tous ces fourrages. Cependant le foin préparé par la méthode de Klapmayer n'a plus de fermentation à subir dans la masse : ainsi on peut le rentrer sans inconvénient parfaitement sec. »

J'ai vu employer ce procédé par un de mes amis de la Suisse qui engraissait au moins cent bœufs tous les ans et qui m'a assuré qu'il obtenait d'excellents résultats comme alimentation avec le fourrage récolté de la sorte.

Quant à ce qui me concerne, j'ai fait usage de ce procédé lorsque j'étais contrarié par le temps, et je conservais les qualités nutritives à mes fourrages lorsque incontestablement ils les eussent perdus.

Je conseille donc de faire usage de ce procédé, quoiqu'il ait été abandonné par bien des cultivateurs qui n'ont pas bien opéré, ou qui ont voulu donner plus d'extension que moi à son emploi.

Je puis affirmer qu'en opérant bien on trouve, par ce procédé, le moyen de n'avoir jamais de fourrage avarié ;

seulement, comme il est bien dit dans cet article, le fourrage est quelquefois très-brun.

En imitant mon ami pour la rentrée des récoltes hasardées seulement, je donnais ce fourrage aux bœufs mis à l'engrais, qui le mangeaient avidement.

Je ne l'ai jamais donné d'une manière continue aux vaches laitières, parce que, par moment, il avait un goût trop prononcé et que je craignais qu'elles ne s'en trouvassent pas bien, quoique, comme les bœufs, elles le mangeassent avec plaisir.

Article relatif à la polémique engagée avec Monsieur Lecouteux, Directeur du *Journal d'Agriculture pratique*.

Agriculteur, j'ai toujours compris qu'un journal d'agriculture devait être le protecteur naturel de toute question qui pouvait intéresser le progrès agricole. Je ne m'attendais donc pas à ce que les pièces que j'ai rendues publiques (pages 1 à 75), devinssent l'objet d'attaques expliquées dans les deux pièces ci-jointes et relatives à un genre particulier de polémique à M. Lecouteux, dans lequel il a éludé, puis refusé de traiter du fond de ma méthode qu'il a si inconsidérément attaquée. Il termine ainsi qu'il suit :

« Le système Goetz est un système exclusif. Nous le » repoussons à ce titre, et c'est notre espoir que son auteur, qui n'a rien inventé du tout, ne sera pas appelé à » émarger au budget pour propager ses doctrines. Nous » savons bien qu'en s'exprimant *avec une pareille indépendance* un écrivain se fait des *ennemis irréconciliables*. Qu'il en soit donc ainsi. *Peut-être y a-t-il à cela* » *quelques compensations, ne serait-ce que celle qui résulte* » *de la certitude d'un devoir rempli.* »

Je connais M. Lecouteux depuis qu'en 1859 il est venu

me consulter, pour apprendre de moi à faire des prairies à l'instar de celles que je venais de créer à la Grillaire, sur les dommaines de la couronne.

Depuis, il s'est prêté dans son journal à des insinuations qu'on a exploitées dans l'intérêt de l'œuvre peut méritoire de me susciter entraves sur entraves.

C'est donc en quelque sorte avec son concours plus ou moins direct que des décisions importantes ont put être éludées, et que ma méthode, au lieu d'avoir été publiée en 1861 ou 1862, ne l'est qu'aujourd'hui seulement.

Après les faits accomplis jusqu'à ce jour, y compris sa polémique, si, de M. Lecouteux ou de moi, l'un avait à se plaindre de l'autre, serait-ce M. Lecouteux?

Je comprends donc d'autant moins que M. Lecouteux *ose se poser en victime «d'un devoir accompli»*, qu'il commet sciemment une mauvaise action, ainsi qu'il résulte des pièces que je communique. Il parle à trois mille abonnés, il cherche à les détourner de la lecture de mon ouvrage.

Espère-t-il détourner l'attention de M. le ministre de l'Agriculture? Il se trompe, M. le ministre actuel est, dit-on, très-entendu en agriculture ; il appréciera la marche que je prends de soumettre l'étude de ma méthode aux députés qui représentent les intérêts de l'agriculture à l'Assemblée nationale.

Je vais avoir l'honneur d'adresser ma brochure à M. le ministre, lui-même. S'il désirait, dans l'intérêt de notre agriculture, étudier la question avant la réunion de l'Assemblée nationale, je me tiendrais à sa disposition.

Quant à M. Lecouteux, je lui offre encore *aujourd'hui, et malgré ses refus réitérés, expliqués dans les deux pièces qui suivent*; l'occasion de réparer son acte de malveillance par un examen de ma méthode telle que je la présente, et non par des attaques et moyens détournés (Voir les conditions, page 91).

L. Goetz.

AUX SOCIÉTÉS D'AGRICULTURE

AUX COMICES AGRICOLES

ET AUX SOCIÉTÉS D'AGRICULTURE ET DU COMMERCE.

J'ai publié, il y a plusieurs mois, un exposé de mes principes de culture, dans le but de le faire servir de prospectus à ma méthode d'améliorations agricoles.

J'ai obtenu immédiatement de nombreuses adhésions de toutes les parties de la France et de l'étranger.

Encouragé par cette grande bienveillance, j'ai demandé l'autorisation, à l'illustre président de la Société centrale d'Agriculture de France, d'extraire du *Journal des Savants* (numéro de novembre 1870) le rapport qu'en sa qualité de membre de l'Académie des sciences, il a jugé à propos de présenter sur cette question d'intérêt général.

La publication de ce document a été accueillie par les cultivateurs et par la presse agricole avec empressement, et avec le respect dû à son auteur et aux intentions qui l'ont dirigé.

Des divers journaux d'agriculture qui ont publié ce document, un seul, le *Journal d'Agriculture pratique*, a agi différemment. Son directeur conçut un genre singulier d'opposition, qui s'est traduit en une polémique peu sympathique, à laquelle ma méthode ne devait pas m'exposer, et il a cherché à s'assurer le succès, en n'insérant dans son journal que cinq pages un tiers de ce rapport, qui se compose de onze pages et demie, *laissant ainsi de côté les six pages qui eussent réduit à néant sa polémique un peu machiavélique.* En effet, les pages non publiées comprennent : les rapports de deux membres de la commission nommée par la Société centrale d'Agriculture de France, pour suivre et vérifier tous mes travaux ; les expériences faites par un de ces membres pour juger par lui-même des avantages de mon système de prairies, et l'opinion motivée de M. Chevreul.

M. Lecouteux fait suivre cette insertion, *tronquée et par conséquent incomplète*, d'explications dans lesquelles on trouve ces mots : « Nous nous bornons à stipuler de nombreuses réserves. »

La polémique engagée par M. Lecouteux l'obligea bientôt à changer de tactique, et il refusa d'insérer mes dernières réponses, pour mieux dissimuler que son but était manqué.

Ses refus d'insertion donnèrent lieu à la sommation que je rapporte ici :

L'an mil huit cent soixante-douze, le 3 juin, à la requête de M. Louis Goetz, agronome, demeurant à Paris rue du Dragon, 24, pour lequel est élu domicile en ma demeure, j'ai, Jean Levaux, huissier près le tribunal de la Seine, séant à Paris, y demeurant place de la Croix-Rouge, n° 1, soussigné, invité et au besoin sommé M. Lecouteux, au nom et comme Directeur du *Journal d'Agriculture pratique*, dont les bureaux sont situés à Paris, rue Jacob, 26, en sondit domicile, où étant, et parlant à son employé;

D'avoir à insérer, dans le plus prochain numéro dudit *Journal d'Agriculture* la lettre dont la teneur suit :

MONSIEUR,

Tout journal a le droit de critique. En l'exerçant il donne le droit de défense.

Mais permettez-moi de vous demander quel est le but d'une polémique dont les attaques n'ont été que *des assertions*, et qui, *à des questions posées par la défense*, n'a répondu que par *des citations* ?

Voilà pourtant, en peu de mots, l'histoire de la polémique engagée entre nous.

Toutefois, il résulte de vos diverses citations et de la dernière de M. Saloman, — qu'en Lombardie, en Angleterre et en France, des prairies naturelles donnent dix, quinze et jusqu'à vingt mille kilogrammes de fourrages par hectare, et vous partez de là pour me dire : Vous ne produisez rien de nouveau. Voici ma réponse, pour la comparaison des deux systèmes :

Les hauts produits que vous signalez sont exceptionnels, ainsi que vous le dites. La preuve en est inscrite dans nos statistiques, qui portent la production moyenne de la France à moins de trois mille kilogrammes; et dans les années sèches cette production est encore inférieure, si bien que les cours s'élèvent quelquefois à cinquante et soixante francs les cinq cents kilogrammes.

Vous-même, Monsieur, qui m'opposez ces citations, et qui avez dû en profiter, quels sont les produits de votre culture pour repousser ma méthode, comme inutile et dangereuse ?

Il faudrait pouvoir dire en quoi elle est dangereuse et ajouter : — Voilà ce que j'ai obtenu en imitant les faits cités.

Contrairement à vous, Monsieur, je n'ai pas, en ma qualité d'agriculteur, à faire preuve d'une érudition qui se borne à des citations.

Je ne me pose pas non plus en inventeur, mais je me dis le

créateur d'une méthode d'améliorations agricoles, et, par l'observation des faits, l'exemple de mes devanciers, mes études et mes expériences, je suis arrivé à pouvoir justifier l'obtention, dans toute culture, des productions fourragères que j'ai annoncées.

Ma méthode *peut se passer d'irrigation. Elle ne redoute aucune inondation ni sécheresse, et mes fourrages sont obtenus à des prix de revient tels, que les bénéfices qu'ils donnent remboursent en peu d'années les frais d'installation*; tout comme le produit de *chaque hectare de prairie* me permet de disposer, par la consommation des fourrages, *du fumier d'une tête de gros bétail pour l'amélioration des autres cultures.* Et l'enquête agricole nous apprend qu'en moyenne, notre agriculture ne dispose pas *même de la moitié.*

La haute production de mes prairies est justifiée par des faits et des pièces authentiques. Dès l'année prochaine, les essais qui vont se faire, cet automne, dans toute la France, viendront la confirmer, et constateront qu'une opposition du genre de la vôtre est non-seulement contraire aux intérêts de l'agriculture, mais qu'elle est même inconcevable, en regard des pièces péremptoires que j'ai publiées et que je vous ai remises.

Ayant voué ma vie entière à cette question, et convaincu de la haute importance qu'il y aurait à faire des études pour faciliter l'introduction de ma méthode entière dans nos cultures, j'ai compris qu'il me restait ce devoir à remplir et j'en ai annoncé l'intention. Toutefois, avant de m'adresser à M. le ministre de l'Agriculture, je me propose de faire quelques excursions en juillet, afin de voir les choses de près, et de savoir si je ne pourrais pas me dispenser de faire cette offre.

Je retarde, à cet effet, la publication de mon traité des prairies afin d'y faire connaître aux souscripteurs de ma brochure la détermination que je prendrai après la décision ministérielle, et la marche à suivre.

L'annonce de ce projet m'a valu dans le numéro du 23 mai, de la part de M. Lecouteux, directeur du *Journal d'Agriculture pratique*, une note peu honorable que je ne puis accepter. Sur le refus d'insérer ma réponse le 28 mai, je me vois, à mon grand regret, dans la nécessité de faire usage du ministère d'un huissier pour celle-ci.

Je vous prie, Monsieur, d'agréer l'expression de mes sentiments très-distingués :

L. GOETZ,
24, rue du Dragon.

Paris, le 3 juin 1872.

Déclarant au sus-nommé que, faute par lui de satisfaire à la présente sommation, mon requérant se pourvoira, par toutes les voies de droit, pour l'y contraindre, et sous toutes réserves de dommages et intérêts qu'il appartiendra;

Et pour qu'il n'en ignore, je lui ai, parlant comme dessus, laissé copie du présent.

Coût : Sept francs quarante centimes.

LEVAUX.

Enregistré à Paris, ce 4 juin 1872, reçu 2 fr. 40 c., n° 123, v. 4.

L.

PROPOSITION A M. LECOUTEUX

Si, après cette communication, M. Lecouteux veut abandonner sa polémique de tergiversation, je lui offre de discuter contradictoirement l'examen de ma méthode devant MM. les rédacteurs en chef des journaux d'agriculture de Paris. Je leur ferai aussi la prière d'examiner la polémique rapportée dans les numéros du *Journal d'Agriculture pratique* (4, 18, 25 avril; 2, 9, 25 mai), et de décider qui, — de M. Lecouteux ou de M. Goetz, — a agi contrairement aux intérêts de l'agriculture. — M. Lecouteux, qui a blâmé gratuitement ma méthode de culture, et usant, dans un but peu louable, des moyens que je viens de signaler dans cette communication, a éludé ensuite la discussion sur les questions posées page 599 ; — où M. Goetz, vient soumettre à l'appréciation de tous une méthode d'améliorations agricoles, appuyée d'une longue pratique et de documents péremptoires.

Je me chargerai de faire les démarches nécessaires au cas d'acceptation.

A M. LECOUTEUX, Directeur du Journal d'Agriculture pratique.

MONSIEUR,

Depuis 1857 que mes premiers mémoires ont été rendus publics, divers articles ont paru sur ma méthode d'améliorations agricoles. Vous-même vous en avez parlé de manière à me convaincre que vous aviez une idée erronée de mes travaux.

Désirant vous éclairer à ce sujet, j'ai eu l'honneur de vous remettre moi-même ma dernière brochure et le rapport de M. Chevreul, que j'ai extrait du *Journal des Savants* (novembre 1870), vous offrant, en même temps, de convenir d'un rendez-vous pour en conférer, au cas où vous auriez des observations à faire.

Contrairement à cette offre, que vous aviez acceptée, vous avez commencé une polémique rapportée dans les nos des 4, 18 et 25 avril; 2, 9 et 25 mai de votre Journal.

A mon âge, on est porté à la conciliation; je ne m'explique donc pas sur cette polémique. Toutefois, après votre refus d'insérer le 28 mai ma réponse à votre article du 25, j'ai dû vous faire faire une sommation le 3 juin, en suite d'un second refus d'insertion le 2 juin. Par les mêmes motifs, j'ai dû rendre cette sommation publique afin d'expliquer mon silence.

Je garde ma chambre et mon lit depuis le 4 juin. Je puis à peine prendre l'air aujourd'hui; je ne vous offre pas moins, dès à présent, de prendre pour juges de notre polémique messieurs vos confrères, les rédacteurs en chef des principaux journaux d'agriculture de Paris. En leur présence et sans acrimonie, nous traiterons de ma question et de vos articles sus-rappelés, avec prière de faire connaître leur jugement dans leurs honorables journaux.

Je suis convaincu que cet examen vous amènera à modifier vos idées, et qu'il ressortira — que vos conseils aux agriculteurs sont contraires au progrès agricole.

Agréez, Monsieur, l'expression de mes sentiments distingués.

L. GOETZ.

Paris, le 28 juin 1872.

P. S. Veuillez m'honorer d'un mot de réponse.

N'ayant reçu aucune réponse, je rends cette lettre également publique.

L. GOETZ.

Paris, le 6 juillet 1872.

TABLE

Dans l'intention de donner une idée générale de ma méthode d'améliorations agricoles, et de convaincre aussi mes lecteurs que ce n'est qu'en connaissant les principes sur lesquels elle repose qu'ils pourront se livrer avec un grand avantage à établir des prairies suivant mon système, et que jusque-là ils doivent se borner aux essais que je recommande, je les prie de prendre connaissance :

2347 Paris. — Typ. Morris père et fils, rue Amelot, 64.

www.ingramcontent.com/pod-product-compliance
Ingram Content Group UK Ltd.
Pitfield, Milton Keynes, MK11 3LW, UK
UKHW020158200726
13856UKWH00003B/1072

9 782011 928351